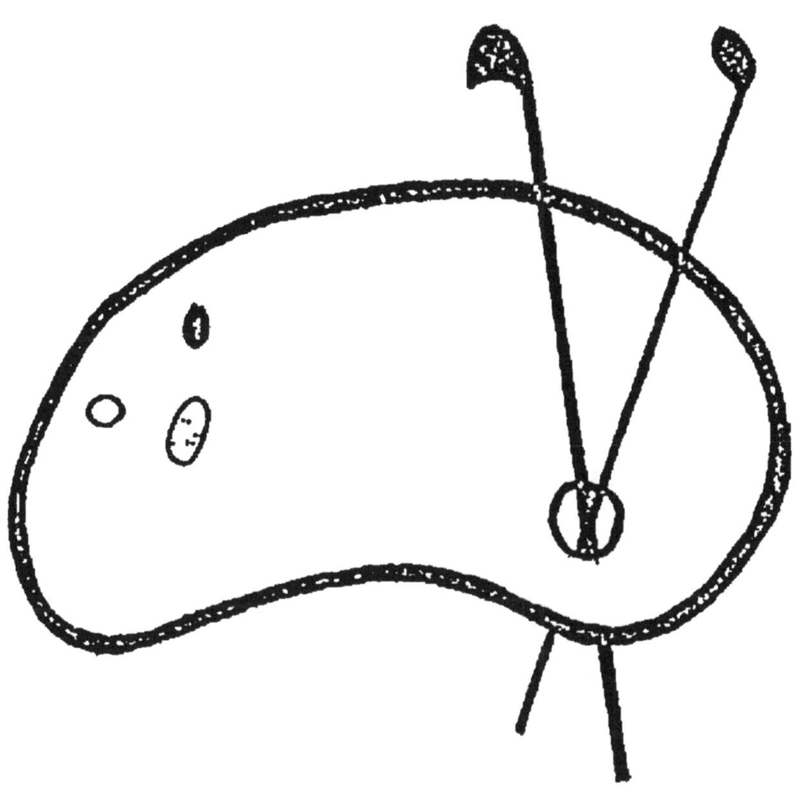

COUVERTURE SUPERIEURE ET INFERIEURE
EN COULEUR

QUESTIONS

DE

PHYSIQUE

DONNÉES A LA SORBONNE

BACCALAURÉAT ÈS SCIENCES
BACCALAURÉAT ÈS LETTRES

ÉNONCÉS ET SOLUTIONS

PARIS

G. MASSON, ÉDITEUR
120, Boulevard Saint-Germain en face de l'École de Medecine

1885

QUESTIONS

DE PHYSIQUE

DONNÉES

AUX EXAMENS DES BACCALAURÉATS

AVERTISSEMENT

Ce travail ne pouvait avoir qu'une étendue limitée; il a fallu, tout en restant complet, traiter chaque question assez rapidement. Aussi, pour tous les développements, nous renvoyons à la Physique de MM. Drion et Fernet; les élèves trouveront facilement dans cet ouvrage tous les renseignements qui pourraient leur être utiles.

1840 84. — CORBEIL Typ. et ster, CRETE,

QUESTIONS

DE

PHYSIQUE

DONNÉES A LA SORBONNE

BACCALAURÉAT ÈS SCIENCES

BACCALAURÉAT ÈS LETTRES

ÉNONCÉS ET SOLUTIONS

PARIS

G. MASSON, ÉDITEUR

120, Boulevard Saint Germain, en face de l'Ecole de Medecine

1885

ABRÉVIATIONS

(*Très imp.*)	Très important.
(*Imp.*)	Important.
(*Moins imp.*)	Moins important.

Voir à la fin de ce volume le catalogue des ouvrages recommandés.

QUESTIONS
DE PHYSIQUE

DONNÉES

A LA SORBONNE

PREMIÈRE PARTIE — PESANTEUR

PREMIÈRE QUESTION (TRÈS IMP.)

Lois de la chute des corps. — Machine d'Atwood.

La pesanteur, étant une force continue et constante, imprime aux corps sur lesquels elle agit un mouvement uniformément varié.

Lois. — Les espaces parcourus sont proportionnels aux carrés des temps

$$e = \frac{1}{2} g t^2.$$

Les vitesses sont proportionnelles aux temps employés à les acquérir,

$$v = g t.$$

S'il y a une vitesse initiale, c'est-à-dire si le corps ne partent pas du repos,

$$e = v_0 t \pm \frac{1}{2} g t^2$$

$$v = v_0 \pm g t.$$

MACHINE D'ATWOOD. — *Principe.* — Retarder la vitesse de chute sans changer la loi du mouvement.

Description. — Une poulie très mobile dans la gorge de laquelle passe un fil de poids négligeable; aux extrémités du fil sont suspendues deux masses égales P.

Loi des espaces. — On ajoute un poids p à une des masses P; on mesure la longueur parcourue après 1, 2, 3, 4 secondes de chute.

Après 1 seconde, l'espace $e_1 = \lambda$,

Après 2 secondes, l'espace $e_2 = 4\lambda$,

Après 3 secondes, l'espace $e_3 = 9\lambda$,

d'où

$$\frac{e_1}{e_2} = \frac{1\lambda}{4\lambda} = \frac{1}{4},$$

$$\frac{e_1}{e_3} = \frac{1\lambda}{9\lambda} = \frac{1}{9},$$

d'ou

$$e_3 = e_1 \times 9,$$

ou, d'une façon générale,

$$e = \lambda T^2,$$

T étant le temps.

Loi des vitesses. — Un curseur annulaire enlève le poids additionnel. Le poids p continue sa marche sous l'influence d'une force instantanée, et est animé d'un mouvement uniforme. Il faut chercher l'espace parcouru par ce corps d'un mouvement uniforme pendant une seconde, ce sera la vitesse.

On place le curseur annulaire aux espaces e_1, e_2, e_3, e_4.

On laisse marcher le poids P déchargé pendant une seconde, et on mesure les distances v_1, v_2, v_3, v_4 entre le curseur annulaire et le curseur plein; on trouve les longueurs d, $2d$, $3d$, $4d$;

donc :

$$\frac{v_1}{v_2} = \frac{d}{2d} = \frac{1}{2},$$

$$\frac{v_1}{v_3} = \frac{d}{3d} = \frac{1}{3},$$

d'où

$$v = dt.$$

On voit que $\lambda = \frac{1}{2}d$; donc

$$c = \frac{1}{2}dt^2,$$

$$v = dt.$$

Formule de la machine d'Atwood. — Un corps tombant en chute libre suit la même loi que le corps tombant dans la machine d'Atwood.

En effet, les forces sont proportionnelles aux accélérations qu'elles produisent.

Soit y l'accélération dans la machine d'Atwood, p est la force qui agit ;

Soient g l'accélération en chute libre, $2P+p$ la force qui agirait, on a

$$\frac{g}{y} = \frac{2P+p}{p}.$$

Or, $2P+p$, p et y sont constants ; y est constant, car

$$v_2 - v_1 = d,$$
$$v_3 - v_2 = d,$$
$$v_4 - v_3 = d;$$

donc g est constant.

DEUXIÈME QUESTION (IMP.)

Aréomètres à poids constant et à volume variable. Alcoomètre centésimal de Gay-Lussac.

Principe. — Principe d'Archimède (corps flottants). Un corps de poids constant s'enfonce d'autant moins dans un liquide que ce liquide est plus dense.

Appareil. — Tubes en verre lestés à leur partie inférieure par une certaine quantité de plomb ou de mercure, et présentant un peu au-dessus un renflement.

Graduation. — (1) *Pèse-acides.* — Pour les liquides plus denses que l'eau, on leste le tube de manière que dans l'eau il s'enfonce jusqu'au sommet; on marque 100; puis dans une solution de sel marin contenant 15 p. 100 de sel, on marque 15, et on divise en 15 parties; ce sont les degrés.

(2) *Pèse-esprit.* — Dans une solution de 10 parties p. 100 de sel marin, il s'enfonce d'une certaine quantité (10); dans l'eau pure il s'enfonce jusqu'à un point déterminé O, et on divise en dix parties.

Usages. — Déterminer le degré de concentration d'un liquide.

Sont utiles dans le commerce, mais ne donnent pas directement la densité.

ALCOOMÈTRE CENTÉSIMAL. — *Appareil.* — C'est un aréomètre à poids constant.

Usages. — Donne la richesse en alcool d'un mélange d'eau et d'alcool.

Graduation. — Dans l'alcool absolu il s'enfonce jusqu'au sommet et on marque 100.

On fait ensuite des mélanges en volume de

$$95° \text{ alcool pour } 5\, HO; \text{ on marque } 5,$$
$$90° \quad - \quad 10 \quad - \quad 10,$$

et on continue ainsi la graduation; les degrés ne sont pas

équidistants; car il y a combinaison partielle entre l'eau et l'alcool.

La graduation est faite à 15°.

APPLICATIONS. — *Essai des vins.* — On détermine la teneur en alcool d'un volume déterminé de vin.

TROISIÈME QUESTION (TRÈS IMP.)

Loi de Mariotte. — La démontrer pour les pressions supérieures et inférieures à la pression atmosphérique.

Historique. — Découverte en 1670 par Mariotte en France, par Boyle en Angleterre, par Musschenbrœck en Allemagne.

Loi. — A température constante, les forces élastiques d'une même masse gazeuse sont en raison inverse des pressions qu'elle supporte :

$$\frac{V}{V'} = \frac{H'}{H} \quad ou \quad VH = V'H' = V''H'' = const. = K.$$

DÉMONSTRATION. — **1)** *Pressions supérieures à la pression atmosphérique.* — *Appareil.* — Tube de Mariotte, tube recourbé à branches inégales; la petite branche fermée graduée en parties d'égal volume; la grande ouverte graduée en parties d'égale longueur.

On renferme un volume V d'air sous la pression extérieure H :

Le volume devenant $\frac{V}{2}$, la force élastique $= 2H$;

$$\frac{V}{3}, \quad - \quad = 3H;$$

$$\frac{V}{4}, \quad - \quad = 4H.$$

2) *Pressions inférieures à la pression atmosphérique.* — *Appareil.* — Cuvette profonde : on enferme dans le tube un volume V d'air sous la pression extérieure H.

Le volume devenant 2V, le mercure s'élève dans le tube d'une quantité

$$h = \frac{H}{2},$$

et la force élastique

$$F = H - h = H - \frac{H}{2} = \frac{H}{2}.$$

Le volume devenant 3V, le mercure s'élève dans le tube d'une quantité

$$H' = \frac{2}{3}H,$$

et la force élastique

$$F = H - h' = H - \frac{2}{3}H = \frac{H}{3};$$

pour un volume 4V,

$$F = H - h'' = H - \frac{3}{4}H = \frac{H}{4},$$

et pour un volume 5V,

$$F = H - h''' = H - \frac{4}{5}H = \frac{H}{5}.$$

Remarque. — Les expériences de Dulong et Arago, puis celles de Regnault ont prouvé que :

1° Sous des pressions un peu considérables, les gaz facilement liquéfiables se compriment plus que ne l'indique la loi de Mariotte.

2° L'hydrogène éprouve une diminution de volume moins grande que ne l'indique la loi.

QUATRIÈME QUESTION (IMP.)

Principe de la machine pneumatique. — Loi de la raréfaction de l'air. — Limite du vide.

Un récipient de volume V communique avec un corps de pompe v, dans lequel se meut un piston percé d'une soupape s'ouvrant de bas en haut; une deuxième soupape s'ouvrant dans le même sens sépare le récipient du corps de pompe. Quand on soulève le piston, l'air qui occupait le volume V, sous la pression primitive H, occupe le volume V+v sous une pression h; et on a, d'après la loi de Mariotte,

$$VH = (V+v)h_1 \qquad h_1 = H\frac{V}{V+v}.$$

Après le second coup de piston, on a de même

$$Vh_1 = (V+v)h_2 \qquad h_2 = h_1\frac{V}{V+v},$$

$$h_2 = H\frac{V}{V+v} \times \frac{V}{V+v} = H\left(\frac{V}{V+v}\right)^2,$$

ou d'une façon générale

$$h_n = H\left(\frac{V}{V+v}\right)^n.$$

Comme on n'enlève à chaque coup de piston qu'une partie de l'air, le vide ne pourra être parfait qu'après un nombre infini de coups de piston.

Machine à deux corps de pompe. — Pour soulever le piston, il faut employer une force égale au poids d'une colonne de mercure ayant pour base la surface du piston et pour hauteur la colonne barométrique, diminuée du poids d'une colonne de mercure représentant la force élastique du gaz dans l'appareil.

Cette force devient de plus en plus grande ; aussi l'on emploie une machine à deux corps de pompe ; les tiges des deux pistons sont articulées ensemble, et lorsque l'un des pistons monte, l'autre descend.

Limite du vide. — Le gaz peut être réduit au volume u de l'espace nuisible sans acquérir une force élastique suffisante pour s'échapper à l'extérieur :

$$vh = u\mathrm{H},$$

$\mathrm{H} =$ la pression atmosphérique ;

$$h = \mathrm{H}\frac{u}{v},$$

$v =$ le volume du corps de pompe.

Robinet de Babinet. — Un seul des corps de pompe communique avec le récipient et fait le vide ; l'air est ensuite refoulé dans le deuxieme corps de pompe, où il s'accumule et acquiert une force élastique suffisante pour s'échapper.

CINQUIÈME QUESTION (moins imp.)

Pompe de compression. — Loi de la compression de l'air.

Un piston plein se meut dans un corps de pompe communiquant au moyen de deux soupapes s'ouvrant dans le même sens avec deux tubes horizontaux ; un des tubes s'ouvre dans l'air, l'autre dans le récipient.

Soient v le volume du corps de pompe ;

V le volume du récipient ;

H_1 la force élastique primitive dans le récipient ;

H la pression atmosphérique.

On a, d'après la loi de Mariotte,

$$vH = Vh,$$
$$h = H\frac{v}{V};$$

h s'ajoute à H^1 d'après la loi du mélange des gaz,

$$h_1 = H_1 + H\frac{v}{V};$$

de même

$$h_2 = H_1 + 2H\frac{v}{V},$$
$$h_n = H_1 + nH\frac{v}{V};$$

si

$$H_1 = H,$$
$$h_n = H\left(1 + n\frac{v}{V}\right).$$

DEUXIÈME PARTIE — CHALEUR

PREMIÈRE QUESTION (IMP.)

Prouver qu'il y a absorption de chaleur dans la fusion d'un solide et dans la vaporisation d'un liquide.

1) Fusion. — *Définition.* — On appelle fusion le passage d'un corps de l'état solide à l'état liquide.

Lois. — (1) Un même corps entre toujours en fusion à la même température.

(2) La température reste constante pendant toute la durée du phénomène.

Remarque. — On appelle corps réfractaires ceux qui ne sont fusibles qu'à une température très élevée.

Chaleur latente de fusion. — Pendant tout le temps que dure la fusion, la température reste constante (chaleur latente). La chaleur fournie est employée à produire le changement d'état; la chaleur se transforme en travail.

Chaleur latente de fusion de la glace (de la Provostaye et Desains). — P kilogramme de glace à $0°$ sont placés dans un calorimètre de poids p et de chaleur spécifique c, où se trouvent M kilogrammes d'eau; on exprime que la chaleur perdue par l'eau pour s'abaisser de t à θ a été employée à fondre la glace et à élever l'eau de fusion de 0 à θ :

$$(M + pc)\,(t - \theta) = Px + P\theta,$$

$$x = \frac{(M + pc)\,(t - \theta) - P\theta}{P} = 79 \text{ calories, 25.}$$

2) Vaporisation. — *Définition.* — On appelle vaporisation le passage d'un corps de l'état liquide à l'état de vapeur.

Deux méthodes. — (1) *L'évaporation.* — C'est la production lente de vapeurs à la surface d'un liquide.

(2) *L'ébullition.* — C'est la formation de vapeurs à l'intérieur de la même masse liquide. (Voir plus loin.)

L'évaporation est d'autant plus rapide que l'air est moins saturé et la surface du liquide plus considérable.

Froid produit par l'évaporation. — Quand un corps s'évapore, sa température s'abaisse; il y a absorption d'une certaine quantité de chaleur latente, qui est employée à transformer une partie du liquide en vapeur. Si cette chaleur est empruntée au liquide lui-même, il y a abaissement de température.

1) De l'éther, placé sur la boule d'un thermomètre, fait baisser le mercure.

2) Congélation de l'eau dans le vide (expérience de Leslie).

DEUXIÈME QUESTION (imp.)

Ébullition. — Lois. — Démontrer que la présence de l'air est nécessaire pour que les bulles de vapeur puissent se former.

Définition. — L'ébullition est la formation de vapeurs à l'intérieur d'un liquide.

Lois. — (1) Placé dans les mêmes conditions, un même liquide entre toujours en ébullition à la même température.

(2) La température reste constante pendant toute la durée du phénomène.

1) *Influence de la pression.* — Pour que les bulles de vapeur puissent venir crever à la surface, il faut que la force élastique de la vapeur soit au moins égale à la pression qui s'exerce à la surface du liquide.

En diminuant cette pression, on abaisse la température d'ébullition. (Ébullition dans le vide, expérience de Franklin.)

En augmentant cette pression, on élève la température d'ébullition. (Marmite de Papin.)

2) *Expérience de Donny.* — Un liquide entièrement privé de gaz entre très difficilement en ébullition.

3) *Expériences de Dufour et Gernez.* — Lorsqu'un liquide est porté à une température égale à celle à laquelle sa vapeur a une tension égale à la pression extérieure, la présence d'un gaz dans l'intérieur de la masse liquide détermine l'ébullition. (Ébullition de l'acide sulfurique et du sulfure de carbone. — Cloche plongée dans l'intérieur d'un liquide.)

Conséquence. — Pour qu'un liquide entre en ébullition, il faut que les conditions suivantes soient réunies :

(1) La température doit être suffisante pour que la tension de la vapeur soit égale à la pression extérieure.

(2) Il faut qu'il y ait une certaine quantité de gaz au sein du liquide.

TROISIÈME QUESTION (très imp.)

Propriétés des vapeurs saturées et non saturées.

1) *Formation des vapeurs.* — Toutes choses égales d'ailleurs, un liquide se transforme beaucoup plus facilement en vapeur, lorsque la pression qui s'exerce à sa surface est moins grande et la température plus élevée.

2) *La vapeur n'est pas saturée.* — Alors elle n'est pas en contact avec un excès de liquide, et on constate au moyen de la cuve profonde que la vapeur suit la loi de Mariotte. Un gaz n'est qu'une vapeur très éloignée de son point de liquéfaction.

3) *La vapeur est saturée.* — Elle est en contact avec un excès de liquide; elle a atteint alors son maximum de tension, car, soit qu'elle occupe un volume ou un autre, elle a toujours la même force élastique.

4) *Tension maxima à différentes températures.* — 1° Entre 0 et 100°, appareil de Dalton.

2° Entre 0 et 60°, appareil de Regnault.

3° Au-dessus de 100°, appareil de Dulong et Arago; puis appareil de Regnault; au moyen duquel il construisit des tables donnant la tension maxima de la vapeur d'eau entre —30 et +236°.

4° Au-dessous de 0°, appareil de Gay-Lussac

QUATRIEME QUESTION (très imp.)

Loi du mélange des gaz et des vapeurs (Dalton).

APPAREIL DE GAY-LUSSAC. — *Manomètre à air libre.* — L'une des branches plus grosse, graduée en parties d'égal volume; l'autre, toujours ouverte, graduée en parties d'égale longueur. Sur la grosse branche on peut visser un ballon ou un robinet à goutte.

Expérience. — **1**) On renferme un certain volume V de gaz sec sous la pression extérieure.

2) On introduit une certaine quantité de liquide; la vapeur est saturante lorsqu'il y a excès de liquide et que le mercure cesse de monter.

3) On ajoute du mercure par la branche ouverte pour que le volume devienne V, comme précédemment.

4) On mesure la différence de niveau des deux surfaces du mercure; cette hauteur donne la force élastique de la vapeur, qui, à la température t de l'expérience, est égale à la force élastique qu'aurait la vapeur dans le vide; cette force élastique est donnée par les tables.

Conclusion. — Les vapeurs atteignent dans les gaz la même tension que dans le vide à la même température.

Par conséquent, la force élastique d'un mélange de gaz et de vapeur est égale à la somme des forces élastiques qu'auraient séparément le gaz et la vapeur, chacun d'eux occupant seul tout le volume du mélange.

CINQUIÈME QUESTION (très imp.)

Qu'est-ce que l'état hygrométrique de l'air : comment peut-on le déterminer.

1) *Définition.* — On appelle état hygrométrique de l'air, à un moment déterminé, le rapport entre la tension actuelle de la vapeur d'eau f et sa tension maximum F à la même température.

$E = \dfrac{f}{F}$, ou bien, comme les tensions sont proportionnelles aux poids, le rapport entre le poids p de la vapeur contenue dans un volume V d'air, et le poids P que ce volume contiendrait s'il était saturé :

$$E = \frac{f}{F} = \frac{p}{P}.$$

F est donné par les tables; il faut donc déterminer expérimentalement f.

Expériences. — **1)** *Hygromètre chimique.* — On recueille un poids p de vapeur, et on a

$$p = Va\frac{5}{8}\frac{f}{760}\frac{1}{1+\alpha t}.$$

Mais V est le volume occupé à l'extérieur par l'air ou par la vapeur (loi de Dalton), et V est inconnu; on a, d'après la loi de Mariotte, U étant le volume de l'aspirateur,

$$\frac{V}{U} = \frac{H-F}{H-f} = \frac{\text{tension de l'air dans l'aspirateur;}}{\text{tension de l'air à l'extérieur;}}$$

d'où

$$V = U \frac{H-F}{H-f},$$

et

$$p = U \frac{H-F}{H-f} \, a \, \frac{5}{8} \, \frac{f}{760} \, \frac{1}{1+\alpha t},$$

d'où f, et on cherche F dans les tables à la température t.

Cette méthode donne l'état hygrométrique moyen.

2) *Hygromètre à cheveu de de Saussure.* — *Graduation.* — On plonge l'appareil dans un milieu complètement sec, au point où s'arrête l'aiguille on marque 0; puis, dans un milieu complètement humide, et on marque 100; puis on divise en cent parties l'espace compris entre ces deux points.

Tables de Gay-Lussac. — La graduation n'indique pas directement l'état hygrométrique.

Principe. — Les vapeurs émises par les solutions aqueuses ont une force élastique d'autant moindre que ces solutions sont plus concentrées.

Il construit une courbe; les abscisses représentent les degrés de l'instrument; les ordonnées, les états hygrométriques correspondants.

3) *Hygromètre à condensation* (Daniell, Regnault). — *Principe* (principe de la paroi froide). — Lorsqu'un corps se refroidit dans l'air, la couche d'air en contact avec lui se refroidit également; et, à une certaine température t, la force élastique f de la vapeur devient maximum, et la vapeur se dépose sous forme de rosée.

Donc, on note la température t du point de rosée, et on cherche dans les tables, à cette température, la tension maxima f.

Puis on cherche la tension maxima F à la température extérieure T.

Le rapport $\frac{f}{F}$ donne l'état hygrométrique.

SIXIÈME QUESTION (MOINS IMP.)

Chaleurs spécifiques. — Leur détermination.

Définitions. — On appelle *calorie* la quantité de chaleur nécessaire pour élever de t à $(t+1)$ degrés la température de 1 kilogramme d'eau : c'est l'unité de chaleur.

On appelle *chaleur spécifique* d'un corps la quantité de chaleur nécessaire pour élever de t à $(t+1)$ degrés la température de 1 kilogramme de ce corps.

Formule fondamentale. — Pour élever de 1 degré la température de 1 kilogramme d'un corps, il faudra c calories, c étant sa chaleur spécifique; pour élever p kilogrammes, il faudra pc; et pour l'élever de t à t' degrés, il faudra

$$q = pc\,(t' - t),$$

et pour l'eau, puisque $c = 1$,

$$q' = p\,(t' - t).$$

EXPÉRIENCE. — **1)** *Méthode de la fusion de la glace.* — On exprime que la quantité de chaleur perdue par le corps pour s'abaisser de T à 0° (PxT) a été employée à fondre la glace sans élévation de température :

$$PxT = p\,79,25.$$

79,25 représente le nombre de calories nécessaires pour fondre 1 kilogramme de glace; c'est la chaleur latente de fusion de la glace.

2) *Méthode des mélanges* (appareil de Regnault). — On exprime que la chaleur perdue par le corps seul, ou perdue par le corps et son enveloppe, pour s'abaisser de T à θ, a été employée à élever de t à θ l'eau M et le calorimètre p:

$$(P x + p_4 c_4)\,(T - \theta) = (M + p c)\,(\theta - t).$$

$p c$ est ce que l'on appelle l'équivalent en eau du calorimètre ; c'est le produit de son poids par sa chaleur spécifique.

SEPTIÈME QUESTION (IMP.)

Définition et mesure du pouvoir émissif d'un corps pour la chaleur. — Appareils de Nobili et de Melloni.

Le noir de fumée est le corps qui, à une même température, émet la plus grande quantité de chaleur.

Définition. — On appelle pouvoir émissif d'un corps le rapport de la quantité de chaleur qu'émet ce corps à celle qu'émet le noir de fumée à la même température.

Appareil de Melloni. — Sur une règle graduée on dispose différentes sources de chaleur.

Au lieu de se servir d'un thermomètre pour mesurer les quantité. de chaleur, on emploie le thermo-multiplicateur.

Il se compose d'une pile thermo-électrique, formée de barreaux de bismuth et d'antimoine soudés ensemble : les soudures paires sont d'un côté, les soudures impaires de l'autre ; il se produit un courant qui est mesuré par la déviation de l'aiguille d'un galvanomètre. L'intensité du courant est proportionnelle à la différence de température des deux systèmes de soudures.

En général, la chaleur émise est d'autant plus grande que la température est plus élevée.

Loi de Newton. — Pour un même corps, et lorsque l'excès de sa température sur celle de l'enceinte ne dépasse pas 20° ou 30°, les abaissements de température qui correspondent à des intervalles de temps égaux et très courts sont proportionnels aux excès moyens pendant ces intervalles.

HUITIÈME QUESTION (moins imp.)

Définir et mesurer le pouvoir réflecteur d'un corps pour la chaleur.

Lois de la reflexion. — (1) L'angle de réflexion est égal à l'angle d'incidence.

(2) Le rayon réfléchi reste dans le plan d'incidence.

Expériences. — (1) Miroirs ardents.

(2) Sur la règle de Melloni on dispose la plaque réfléchissante; une deuxième règle, pouvant faire un certain angle avec la première, porte la pile thermo-électrique.

Définition. — On appelle pouvoir réflecteur d'une surface déterminée le rapport de la quantité de chaleur réfléchie à la quantité de chaleur incidente.

Expériences. — (1) On mesure la quantité de chaleur incidente en plaçant la pile thermo-electrique sur le trajet des rayons calorifiques venant directement de la source.

(2) On place ensuite la plaque sur le trajet des rayons calorifiques, et on mesure la quantité de chaleur reçue après réflexion.

Description du thermo-multiplicateur.

TROISIÈME PARTIE — ÉLECTRICITÉ

PREMIÈRE QUESTION (moins imp.)

Pendule électrique. — Expliquer pourquoi un pendule non électrisé est attiré par un corps électrisé. — Électroscope à feuilles d'or.

Le pendule électrique se compose d'un boule de sureau suspendue à un fil de soie, qui est fixé à un support isolant.

Lois. — (1) Deux électricités de même nom se repoussent.

(2) Deux électricités de nom contraire s'attirent.

Coulomb a démontré, au moyen de la balance de torsion, que :

1° Les forces répulsives ou attractives sont en raison inverse du carré des distances.

2° Les forces répulsives ou attractives exercées à une même distance sont proportionnelles aux produits des quantités d'électricité que possèdent les deux sphères.

Un corps électrisé étant approché d'un pendule à l'état neutre, décompose l'électricité, attire le fluide de nom contraire, repousse le fluide de même nom ; le fluide de nom contraire étant plus rapproché du corps électrisé est attiré et entraîne le pendule.

Aussitôt que le pendule vient au contact du corps, il se charge d'électricité de même nom, et alors il y a répulsion.

Électroscope (voir plus loin).

DEUXIÈME QUESTION (IMP.)

Électricité par influence.

Lorsqu'un corps électrisé est mis en présence d'un corps conducteur à l'état neutre, il se produit un développement d'électricité par influence.

(1) Un cylindre métallique isolé est approché d'un corps électrisé; les pendules extrêmes du corps influencé divergent, celui du milieu reste dans sa position primitive.

(2) On éloigne le corps influent, le corps influencé revient à l'état neutre.

(3) On touche avec le doigt le corps influencé, l'électricité de nom contraire, qui est repoussée, s'écoule dans le sol, et les pendules les plus rapprochés du corps influent divergent seuls.

(4) On éloigne le corps influent; après avoir établi la communication avec le sol, le corps influencé reste chargé d'électricité de nom contraire à celle du corps influent; tous les pendules divergent.

(5) Si le corps influent est rapproché du corps influencé, les deux électricités de nom contraire se combinent, il y a étincelle.

Application. — Grêle et carillon électriques Électroscope.

TROISIÈME QUESTION (TRÈS IMP.)

Électroscope à feuilles d'or. — Électrophore.

1) L'électroscope sert à déterminer si un corps est chargé d'électricité, et quelle est la nature de son électricité.

Il se compose d'un corps conducteur isolé, terminé par deux feuilles d'or parallèles. Si on approche un corps chargé d'électricité, l'électricité neutre est décomposée par influence, les feuilles divergent. Si alors on touche avec le doigt, l'appareil restera chargé d'électricité de nom contraire de celle du corps influençant. Un nouveau corps électrisé étant approché, ou les feuilles se rapprochent, les deux électricités du corps et de l'appareil sont de nom contraire; ou les feuilles s'écartent davantage, les deux électricités sont de même nom.

2) L'électrophore se compose d'un gâteau de résine qui se charge par frottement d'électricité négative; un disque métallique isolé est mis au contact de la résine; son électricité neutre est décomposée; l'électricité positive attirée à la partie inférieure, l'électricité négative repoussée; on touche avec le doigt, l'électricité négative s'écoule dans le sol, et le plateau reste chargé d'électricité positive.

QUATRIÈME QUESTION (IMP.)

Développement de l'électricité dans la machine à plateau de verre. — Limite de charge.

Dans la machine de Ramsden, l'électricité est produite de deux façons: par frottement et par influence.

1) *Par frottement.* — Le plateau de verre passant entre les coussins se charge d'électricité positive; l'électricité négative des coussins s'écoule dans le sol.

2) *Par influence.* — L'électricité positive du verre décompose par influence l'électricité neutre des conducteurs; l'électricité positive s'y accumule; l'électricité négative s'écoule par les points et ramène le plateau à l'état neutre.

Limite de charge. — La limite de charge est atteinte lorsqu'une molécule d'électricité positive est également repoussée par l'électricité de même nom du plateau et des conducteurs. On la recule au moyen du condensateur.

CINQUIÈME QUESTION (très imp.)

Condensation électrique. — Condensateur (bouteille de Leyde) déchargé par contacts alternatifs.

On peut reculer la limite de charge dans la machine de Ramsden de la façon suivante :

On approche un corps conducteur isolé des conducteurs de la machine ; l'électricité neutre est décomposée par influence ; l'électricité négative du corps isolé attire une partie de l'électricité positive des conducteurs de la machine, et ainsi la limite de charge est reculée.

Pratiquement, un disque circulaire métallique est en contact avec la machine et se charge d'électricité positive ; l'électricité neutre d'un disque semblable est décomposée par influence, l'électricité de même nom refoulée dans le sol, l'électricité de nom contraire attirée à la face interne.

Les deux plateaux sont séparés par une lame d'air ou par une lame de verre.

Décharge. — La machine étant écartée, on obtient la *décharge instantanée* en réunissant les deux plateaux par un conducteur métallique.

Décharge successive. — De l'électricité libre se trouve sur la face externe du plateau en contact avec la machine, car un pendule diverge ; sur la face externe du second, il y a de l'électricité dissimulée.

En touchant alternativement le premier et le second plateau, on décharge peu à peu l'appareil.

Bouteille de Leyde. — Bouteille en verre (lame de verre du condensateur) présentant une armature métallique intérieure (en contact avec la machine), une armature extérieure tenue à la main (en contact avec le sol). Même théorie que le condensateur.

SIXIÈME QUESTION (IMP.)

Électroscope condensateur.

C'est un électroscope ordinaire; au lieu de la boule supérieure on dispose un condensateur à plateau. La lame de verre est remplacée par une mince couche de vernis.

Théorie. — Pour charger l'appareil, on touche le plateau supérieur avec un corps chargé d'électricité positive, par exemple; l'électricité neutre du plateau inférieur est décomposée, l'électricité négative est attirée; au moyen du doigt on fait écouler dans le sel l'électricité positive, et l'appareil reste chargé d'électricité négative; les feuilles d'or divergent aussitôt que l'on enlève le plateau supérieur.

Usage. — On s'en sert comme l'électroscope ordinaire.

Théorie et expériences de Volta sur la force électromotrice, prenant naissance au contact de deux métaux différents.

SEPTIÈME QUESTION (TRÈS IMP.)

Piles à deux liquides.

1) Les piles à un seul liquide ne donnent pas un courant constant; il se forme en effet du sulfate de zinc SO^4Zn; de

l'hydrogène est mis en liberté et vient sur le pôle positif :

$$SO^4H + Zn = SO^4Zn + H.$$

Le contact du gaz et du métal produit un courant de sens contraire au courant de la pile (polarisation, piles à gaz).

2) On a soin d'employer du zinc amalgamé, qui n'est attaqué par l'acide sulfurique que si le circuit est fermé.

3) Dans les piles à deux liquides, on a toujours un métal attaqué par de l'eau acidulée; mais on ajoute un corps capable d'absorber l'hydrogène à mesure qu'il se produit.

4) La *pile de Daniell* donne le courant le plus constant :

Pôle négatif. — Du zinc amalgamé attaqué par de l'eau acidulée.

Pôle positif. — Une lame de cuivre plongeant dans une dissolution de sulfate de cuivre pour annuler la présence de l'hydrogène :

$$H + SO^4Cu = SO^4H + Cu.$$

5) *Pile de Bunsen.* — *Pôle négatif.* — Du zinc amalgamé attaqué par de l'eau acidulée.

Pôle positif. — Du charbon de cornue plongeant dans de l'acide azotique étendu d'eau, qui oxydera l'hydrogène en donnant de l'eau et de l'acide hypoazotique.

Dans la pile de Grove, le charbon est remplacé par une lame de platine.

6) *Pile au bichromate.* — Du zinc et du charbon de cornue plongent dans un mélange d'eau, d'acide sulfurique et de bichromate de potasse, qui servira de corps oxydant :

$$KO,2CrO^3 + 4SO^3 + 3H = KO,SO^3 + Cr^2O^3,3SO^3 + 3HO.$$

Résumé. — Toujours, dans les piles à deux liquides, un corps oxydant capable d'annuler la présence de l'hydrogène produit par l'action d'un métal sur un acide étendu d'eau.

HUITIÈME QUESTION (très imp.)

Actions chimiques des courants, applications.

1) *Action sur les composés binaires.* — *Décomposition de l'eau* (voltamètre Faraday). — Deux volumes d'hydrogène sont au pôle négatif, un volume d'oxygène au pôle positif.

La théorie de Grotthus explique comment les gaz ne se dégagent qu'au contact des électrodes.

Décomposition de la potasse (Davy). — L'oxygène va au pôle positif, le métal, le potassium, au pôle négatif, où il forme un amalgame avec du mercure.

2) *Décomposition des sels.* — Pour le sulfate de cuivre, SO^4 ou $SO^3 + O$ va au pôle positif, le métal Cu au pôle négatif.

Pour le sulfate de potasse, SO^4 ou $SO^3 + O$ va au pôle positif, le potassium K au pôle négatif; mais l'eau est décomposée, et on a $KO + H$ qui se dégage.

	Pôle négatif.	Pôle positif.
HO	H	O
KO	$K (KO + H)$	O
SO^4Cu	Cu	$SO^4 (SO^3 + O)$
SO^3K	$K (H + KO)$	$SO^4 (SO^3 + O)$.

(Théorie de l'ammonium AzH^4.)

Applications. — *Galvanoplastie.* — On décompose une dissolution d'un sel, SO^4Cu, par la pile, le métal vient se déposer sur l'électrode négative représentée par un moule en gutta-percha recouvert de plombagine conductrice.

Loi de Faraday. — (1) Dans tous les points d'un circuit, les actions chimiques qui s'effectuent sont équivalentes.

(2) Dans un voltamètre, la quantité d'eau décomposée pendant un temps donné est proportionnelle à l'intensité du courant.

NEUVIÈME QUESTION (très imp.)

Expérience d'Œrstedt. — Galvanomètre.

1) *Expérience d'Œrstedt.* — Une aiguille aimantée mobile, soumise à l'influence d'un courant, se met en croix avec le courant.

2) *Loi d'Ampère.* — Un courant rectiligne agissant sur un aimant mobile, autour d'un axe perpendiculaire à la ligne des pôles, tend toujours à le placer dans une position perpendiculaire à la sienne, et de manière que le pôle austral soit à la gauche du courant personnifié.

3) *Multiplicateur de Schweigger.* — Pour augmenter la déviation de l'aiguille, on la place au centre d'un rectangle formé par le courant, dont les différentes parties agissent toutes pour faire tourner le pôle austral dans le même sens.

4) *Conducteur astatique.* — Pour diminuer l'action de la terre, deux aimants sont attachés ensemble, les piles de nom contraire en regard.

5) *Galvanomètre.* — C'est un multiplicateur à deux aiguilles formant un système astatique. La déviation de l'aiguille mesure l'intensité du courant, mais jusqu'a 20° seulement.

6) *Galvanomètre à deux fils* (différentiel). — Deux fils sont enroulés sur le cadre rectangulaire; un courant traversant le premier donne une déviation de 13°; un deuxième courant traversant le second dévie l'aiguille de 17°; s'ils passent ensemble, leur intensité sera égale à $13+17=30$; si la déviation est de 27°, dans les tables on marquera la déviation 27 en face de l'intensité 30.

DIXIÈME QUESTION (MOINS IMP.)

Aimantation par les courants. — Électro-aimants.

1) *Expériences.* — (1) Une tige de fer doux, placée en croix avec un courant, s'aimante pendant le passage du courant, le pôle austral se trouvant à la gauche du courant.

(2) Une tige d'acier placée dans les mêmes conditions s'aimante plus lentement, mais le magnétisme persiste.

2) *Aimantation.* — Une aiguille d'acier est placée dans un tube de verre ; le fil est enroulé autour de ce tube, et les différentes parties du courant développent un pôle austral à gauche du courant, un pôle boréal à droite. Les décharges électriques produisent le même effet.

Des points conséquents peuvent être produits en changeant le sens de l'enroulement du fil.

3) Un *électro-aimant* se compose d'un cylindre de fer doux environné d'une bobine portant un fil conducteur isolé enroulé en spirale ; une armature de fer doux sera attirée par l'électro-aimant tant que passera le courant, et reviendra à sa position primitive aussitôt que le courant sera interrompu. Il y a d'autant moins de magnétisme rémanent que le fer est plus pur.

4) *Applications.* — Sonneries électriques.

Télégraphes de Morse, de Bréguet ; télégraphe à cadran.

ONZIÈME QUESTION (TRÈS IMP.)

Solénoïdes.

Définition. — On appelle solénoïdes un système de courants circulaires égaux de même sens et perpendiculaires à un axe passant par leur centre.

PROPRIÉTÉS. — (1) *Action de la terre.* — Un solénoïde se met dans la direction nord-sud; le pôle austral est celui qui se tourne vers le nord; c'est l'extrémité en face de laquelle il faut se placer pour que le courant paraisse inverse de celui des aiguilles d'une montre, et aille de droite à gauche.

(2) *Action d'un courant rectiligne.* — Le solénoïde se met en croix avec le courant (loi des courants croisés, loi d'Ampère).

(3) *Actions de deux solénoïdes l'un sur l'autre..* — Deux pôles de même nom se repoussent, deux pôles de nom contraire s'attirent.

(4) *Action d'un aimant sur un solénoïde.* — Les pôles de même nom se repoussent; les pôles de nom contraire s'attirent.

Théorie d'Ampère. — Ampère assimile complètement les aimants aux solénoïdes.

Des courants circulaires parcourant les molécules existent toujours dans l'aimant ou dans l'acier, mais ils ne sont pas orientés; l'aimantation a simplement pour effet de les orienter tous dans le même sens. A l'intérieur de l'aimant ils annulent mutuellement leurs effets, et la périphérie est parcourue par des courants circulaires parallèles formant un solénoïde.

La force coercitive les fait subsister dans l'acier.

En appliquant les lois des courants croisés et assimilant les aimants aux solénoïdes, il est facile d'expliquer la rotation d'un aimant sous l'influence d'un courant.

DOUZIÈME QUESTION (IMP.)
Actions des courants sur les courants.

Appareil. — L'appareil d'Ampère se compose d'un courant rectangulaire mobile, et d'un courant fixe formé par un fil isolé enroulé sur un cadre de bois.

1) *Loi des courants parallèles.* — Deux courants parallèles et de même sens s'attirent; deux courants parallèles et de sens contraire se repoussent.

2) *Loi des courants croisés.* — Deux courants non parallèles s'attirent quand ils s'approchent ou s'éloignent ensemble de leur point de croisement; ils se repoussent quand l'un s'en approche tandis que l'autre s'en éloigne. Si les deux courants ne sont pas dans le même plan, le point de croisement est représenté par la perpendiculaire commune.

Conséquence. — Les différentes parties d'un même courant se repoussent.

3) *Loi des courants sinueux.* — Un courant sinueux a la même action qu'un courant rectiligne de même intensité et termine aux mêmes extrémités, pourvu que la distance à laquelle s'exerce cette action soit très grande par rapport à l'amplitude des sinuosités.

Action de la terre. — La terre est parcourue par des courants circulaires parallèles entre eux et à l'équateur, perpendiculaires au méridien magnétique; elle a donc une action sur un courant mobile, et elle agit comme un courant rectiligne allant de l'est à l'ouest.

Pour annuler cette action de la terre, on se sert de conducteurs astatiques.

Remarque. — L'existence de ces courants allant de l'est à l'ouest permet d'expliquer la direction que prend une aiguille aimantée mobile sous l'influence de la terre; le pôle austral est dévié à la gauche du courant, suivant la loi d'Ampère.

TREIZIÈME QUESTION (MOINS IMP.)

Actions réciproques des pôles des aimants; décrire les expériences qui les mettent en évidence; définir l'angle de déclinaison et l'angle d'inclinaison.

1) Sous l'influence de la terre, un aimant se met dans la direction nord-sud; on nomme pôle austral celui qui se tourne vers le nord; pôle boréal, celui qui se tourne vers le sud.

En effet, deux pôles de même nom se repoussent; deux pôles de nom contraire s'attirent, et l'on peut supposer au centre de la terre un aimant dont le pôle boréal est au nord, le pôle austral au sud; sous l'action de l'aimant terrestre, le pôle austral de l'aimant mobile se tournera vers le nord.

2) Une aiguille mobile sera soumise à un couple; ce sera une action purement directrice, et elle tendra à se placer parallèlement à l'axe de l'aimant terrestre.

L'action de la terre est purement directrice, car l'aiguille n'augmente ni ne diminue de poids après l'aimantation; placée sur un flotteur, elle n'est entraînée dans aucune direction.

3) *Angle de déclinaison.* — On appelle ainsi l'angle dièdre que fait le méridien magnétique avec le méridien géographique.

On le détermine au moyen de la boussole de déclinaison, qui se compose essentiellement d'un aimant mobile dans un plan horizontal, autour d'un axe vertical passant par son centre de gravité.

4) *Angle d'inclinaison.* — On appelle ainsi l'angle aigu que fait la moitié australe d'une aiguille aimantée mobile dans le méridien magnétique avec la ligne horizontale menée par son centre dans le plan de ce méridien.

La boussole d'inclinaison se compose d'une aiguille mobile dans un plan vertical, autour d'un axe horizontal passant par son centre de gravité.

QUATORZIÈME QUESTION (imp.)

Actions d'un courant sur une aiguille aimantée et d'un aimant fixe sur un courant mobile.

1) Expérience d'Œrstedt.

2) Loi d'Ampère.

3) *Applications.* — Galvanomètre (voir plus haut).

Loi. — Lorsqu'un courant rectiligne et indéfini est en présence d'un aimant, chaque pôle de l'aimant est sollicité par une force dont la direction est perpendiculaire au plan qui passe par ce pôle et par le courant. L'intensité de cette force varie en raison inverse de la distance du pôle au courant lui-même.

Applications. — 1) Orientation d'un aimant (expérience d'Œrstedt).

2) Translation d'un aimant (expérience de Boisgiraud).

3) Rotation d'un aimant (expérience de Faraday).

4) *Action d'un aimant fixe sur un courant mobile.*

Appareil. — Piles mobiles de de la Rive formées par une lame de zinc et une lame de cuivre fixées dans un liège flottant sur l'eau acidulée ; le zinc et le cuivre sont réunis par un conducteur.

Sous l'influence de l'aimant, le courant se met en croix, et le pôle austral se trouve toujours à la gauche de l'aimant personnifié.

On obtient de même la rotation d'un courant sous l'influence d'un aimant.

Les aimants ne sont que des solénoïdes, aussi ces résultats

sont faciles à expliquer; il suffit d'appliquer la loi des courants croisés.

QUINZIÈME QUESTION (TRÈS IMP.)

Expériences fondamentales de l'induction par un courant.

Définition. — On nomme courants d'induction des courants électriques instantanés et d'une grande intensité, qui prennent naissance dans des circuits fermés sous l'influence d'autres courants ou sous l'influence des aimants.

Ils ont été découverts en 1831 par Faraday.

Expériences. — Le courant induit se compose d'un circuit fermé, formé par un fil enroulé sur une bobine, et d'un galvanomètre.

Le courant inducteur se compose d'un circuit fermé parcouru par un courant voltaïque, ou bien il est formé par un aimant.

Lois. — (1) Tout courant inducteur qui commence, s'approche ou augmente d'intensité, produit un courant induit inverse.

Tout courant inducteur qui finit, s'éloigne ou diminue d'intensité, produit un courant induit direct.

Courant inducteur.	*Courant induit.*
Commence...................	inverse.
Finit....................	direct.
Approche..................	inverse.
S'éloigne................	direct.
Augmente..................	inverse.
Diminue.................	direct.

Induction produite par la terre. — Un circuit fermé traverse un galvanomètre. Dans l'intérieur de la bobine se trouve un barreau de fer doux ; en changeant la position de ce barreau par rapport au méridien magnétique, on augmente ou diminue son magnétisme. Cette augmentation ou cette diminution produit des courants induits.

Loi de Lenz. — Étant donné un circuit fermé, si l'on imprime à ce circuit un déplacement quelconque par rapport à un courant voisin, ou par rapport à un aimant, il s'y développe un courant induit de sens contraire à celui qui eût été capable de produire ce déplacement.

Induction d'un courant sur lui-même. — L'extra-courant de rupture est de même sens que celui de la pile ; l'extra-courant de fermeture de sens inverse.

SEIZIÈME QUESTION (très imp.)

Induction produite par les aimants et les courants. — Bobine de Ruhmkorff.

1) Voir la composition précédente.

2) *Principe.* — Dans une bobine à fil long et fin, on produit des courants induits par l'action d'une bobine à fil gros et court, dans laquelle circule un courant voltaïque. Cette action est renforcée par un faisceau de fils de fer doux placés dans la bobine inductrice.

Appareil. — Lorsque le courant commence, il se produit un courant induit inverse ; lorsqu'il finit, un courant induit direct.

Il fallait à chaque instant faire commencer et finir le courant inducteur.

On interpose alors dans le circuit inducteur un ressort dont l'extrémité libre est armée d'une petite masse de fer doux placée en face du faisceau de fils de fer doux.

Quand le courant passe, le fer doux est aimanté, l'extrémité du ressort est attirée, il y a interruption du courant; l'aimantation cesse aussitôt, le ressort revient à sa position primitive, et de nouveau le courant inducteur se produit.

On augmente la puissance de l'appareil en interposant dans le circuit inducteur un condensateur à grande surface (Fizeau).

DIX-SEPTIÈME QUESTION (très imp.)

Machine de Clarke.

Principe. — Tout courant magnétique qui s'approche, produit dans un circuit fermé un courant induit inverse (l'aimant étant assimilé à un solénoïde).

Tout courant magnétique qui s'éloigne, produit dans un circuit fermé un courant induit direct.

Appareil. — Aimant fixe en fer à cheval; parallèlement au plan de cet aimant se meut une bobine au centre de laquelle se trouve un barreau de fer doux; les extrémités du fil de la bobine communiquent avec un cylindre (commutateur) tournant en même temps que la bobine, et dont l'axe est perpendiculaire au plan de l'aimant.

Théorie. — Quand la bobine est en face du pôle austral (0°), il se produit un pôle austral en avant du barreau de fer doux.

Quand la bobine a tourné de 180° et se trouve en face du pôle boréal, il se produit un pôle boréal en avant du barreau de fer doux.

Courants induits. — De 0° à 90°, le courant inducteur s'éloigne; il se produit un courant induit direct, par rapport au pôle austral (de droite à gauche).

De 90° à 180°, le courant inducteur s'approche; il se produit un courant induit inverse de celui qui parcourt le pôle boréal (de droite à gauche).

De 180° à 270°, le courant inducteur s'éloigne; il se produit un courant induit direct, par rapport au pôle boréal (de gauche à droite).

De 270° à 360° (la position primitive), le courant inducteur s'approche; il se produit un courant induit inverse, par rapport au pôle austral (de gauche à droite).

Donc, de 0° à 180° le courant va dans un sens, de 180° à 360° dans l'autre.

Commutateur. — Il a pour but de faire marcher les courants toujours dans le même sens dans le circuit extérieur.

Appareil. — Cylindre isolant, tournant en même temps que la bobine et portant à sa surface deux demi-viroles en cuivre; sur chacune d'elles s'appuie un ressort, communiquant avec une des extrémités du fil. Une des demi-viroles communique avec une des extrémités du fil induit, l'autre avec l'autre extrémité de ce fil.

Théorie. — De 0° à 180°, c'est-à-dire pendant un demi-tour, le courant marche du premier ressort au deuxième; alors le courant induit change de sens, mais comme le premier ressort s'appuie maintenant sur la deuxième demi-virole et le deuxième sur la première, le courant induit va toujours dans le même sens dans le circuit extérieur.

QUATRIÈME PARTIE — ACOUSTIQUE

PREMIÈRE QUESTION (MOINS IMP.)
Vitesse du son.

Tout corps qui produit un son est en vibration; le son ne se propage pas dans le vide.

Définition. — On appelle vitesse du son l'espace parcouru par le son, d'un mouvement uniforme, pendant une seconde :

$$V = \frac{e}{t}.$$

1) *Dans l'air.* — Les expériences furent faites entre Villejuif et Montlhéry; en divisant l'espace qui séparait les deux stations (18 kilomètres) par le temps que le son avait mis à se transmettre, on trouva pour valeur de la vitesse 340 mètres par seconde.

2) *Dans l'eau.* — Les expériences ont été faites en 1827 par Colladon et Sturm sur le lac de Genève : on faisait vibrer une cloche sous l'eau; le son était reçu au moyen d'une membrane placée à l'extrémité d'un tube plein d'air (1,435 mètres par seconde).

3) *Dans la fonte.* — Biot fit des expériences à Arcueil dans des tubes en fonte. La vitesse dans la fonte est dix fois plus grande que dans l'air.

DEUXIÈME QUESTION (très imp.)

Qualités du son. — La sirène.

Trois qualités : la hauteur, le timbre, l'intensité.

1) *Hauteur du son.* — Elle dépend du nombre des vibrations qui sont produites par le corps pendant un temps déterminé. Un son est d'autant plus aigu qu'il résulte d'un nombre plus considérable de vibrations.

La sirène (Cagniard de Latour). — Au-dessus d'un plateau fixe se trouve un plateau mobile autour d'un axe vertical; ils sont percés d'un même nombre de trous inclinés en sens contraire et perpendiculairement à la direction des rayons du plateau; un courant d'air, arrivant par la partie inférieure, fait mouvoir le plateau supérieur; quand les trous coïncident, l'air intérieur s'échappe; l'air extérieur est refoulé; quand la coïncidence n'existe plus, l'air extérieur revient à sa position primitive; donc vibration de l'air.

Formule de la sirène. — Un compteur permet de déterminer le nombre de tours faits par le plateau supérieur pendant un temps déterminé; à chaque tour, il y a eu autant de vibrations complètes que le passage de l'air a été interrompu. Donc, pour avoir le nombre de vibrations, et par conséquent la hauteur du son, il suffit de multiplier le nombre de tours par le nombre de trous du plateau supérieur.

2) *Roues dentées de Savart.* — Une roue dentée est mue avec une vitesse uniforme; les extrémités des dents viennent frapper le bord d'une carte; on règle le mouvement de manière que le son rendu par la carte soit à l'unisson de celui dont on cherche la hauteur.

3) *Méthode graphique* (inventée par Young). — Une verge, fixée à une extrémité, porte à l'autre un stylet dirigé perpendiculairement à l'axe de la verge. Ce stylet se meut parallèlement à la surface d'un cylindre enduit de noir de fumée;

ce cylindre est animé d'un mouvement de translation suivant son axe, et d'un mouvement de rotation. La tige, en vibrant, inscrit donc elle-même ses vibrations.

Résultats. — 1° Deux sons a l'unisson sont produits par le même nombre de vibrations.

2° Quand un son est à l'octave aigu d'un autre son, il est produit par un nombre double de vibrations.

4) *Timbre du son.* — Le timbre dépend de plusieurs circonstances pouvant exister séparément ou simultanément. Généralement, ce sont des sons faibles (harmoniques) accompagnant le son fondamental.

On analyse un son au moyen des résonnateurs d'Helmoltz.

5) L'intensité du son dépend :

1° De l'amplitude des vibrations du corps;

2° De la distance à laquelle on le perçoit;

3° Des conditions de sa propagation.

TROISIÈME QUESTION (MOINS IMP.)
Vibrations transversales des cordes.

$$n = \frac{1}{2rl} \sqrt{\frac{g\mathrm{P}}{d\pi}}$$

$2r$ le diamètre ⎫
l la longueur ⎬ de la corde.
d la densité ⎭
p le poids tenseur.

1) Les nombres de vibrations sont en raison inverse des diamètres

$$n = \frac{1}{2rl} \sqrt{\frac{g\mathrm{P}}{d\pi}}$$

$$n' = \frac{1}{2r'l} \sqrt{\frac{g\mathrm{P}}{d\pi}}$$

$$\frac{n}{n'} = \frac{2i'}{2i}.$$

2) Les nombres de vibrations sont en raison inverse des longueurs

$$\frac{n}{n'} = \frac{l'}{l}.$$

3) Les nombres de vibrations sont proportionnels aux racines carrées des poids tenseurs

$$\frac{n}{n'} = \frac{\sqrt{p}}{\sqrt{p'}}.$$

4) Les nombres de vibrations sont en raison inverse des racines carrées des densités

$$\frac{n}{n'} = \frac{\sqrt{d'}}{\sqrt{d}}.$$

Appareil. — Le *sonomètre* est une caisse rectangulaire en sapin, sur laquelle on peut tendre plus ou moins des cordes différentes; les longueurs des parties vibrantes sont mesurées au moyen d'une règle horizontale.

CINQUIÈME PARTIE — OPTIQUE

PREMIÈRE QUESTION (MOINS IMP.)

Photométrie.

Les quantités de lumière reçues normalement par une même surface, à différentes distances d'une même source lumineuse, sont en raison inverse des carrés des distances.

On appelle intensité d'une source l'éclairement que produit cette source sur une petite surface placée à une distance égale à l'unité.

Principes de la photométrie. — Si deux sources lumineuses placées à des distances D et D' d'une même surface produisent un même éclairement, les intensités propres I et I' de ces deux sources sont proportionnelles aux carrés de leurs distances à cette surface

$$\frac{I}{D^2} = \frac{I'}{D'^2}.$$

APPAREILS. — **1)** *Photomètre de Foucault.* — Lame plane translucide, dont une des parties est éclairée par une source lumineuse, l'autre par une deuxième source.

On fait varier les distances des sources à l'écran, jusqu'à ce que l'éclairement soit égal, et on a :

$$\frac{I}{D^2} = \frac{I'}{D'^2},$$

d'où

$$\frac{I}{I'} = \frac{D^2}{D'^2}.$$

2) *Photomètre de Rumford.* — Une tige verticale opaque est placée devant un écran ; deux sources lumineuses projetten deux ombres, qui doivent avoir la même intensité. Lorsque ce résultat est obtenu, on mesure les distances, et on a :

$$\frac{I}{I'} = \frac{D^2}{D'^2},$$

3) *Photomètre de Wheastone.* — Une perle d'acier est animée de deux mouvements : un de rotation autour de son axe, l'autre de translation autour d'un disque circulaire. Cet appareil étant placé entre deux sources lumineuses, on voit deux courbes qui peuvent avoir la même intensité. Ce résultat étant obtenu, on mesure les distances,

---

DEUXIÈME QUESTION (MOINS IMP.)

Lois de la réflexion de la lumière, leur vérification expérimentale.

1) L'angle d'incidence et l'angle de réflexion sont égaux.
2) Le rayon incident et le rayon réfléchi sont dans un même plan.

DÉMONSTRATION. — **1)** *Appareil de Silbermann.* — Cercle vertical gradué au centre duquel se trouve un miroir plan ; au moyen d'une alidade mobile, on fait tomber un rayon lumineux au centre du miroir ; on le reçoit sur une autre alidade, et on trouve ainsi que les angles de chacun des rayons avec la normale sont égaux.

2) *Bain de mercure.* — On vise directement un astre avec une lunette LL', puis on vise le rayon réfléchi DE :

$$\alpha = \beta.$$

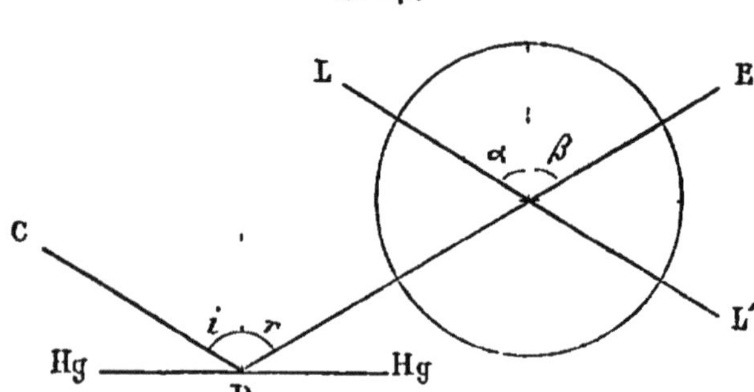

Or CD et LL' étant sensiblement parallèles,

$$i = \alpha \quad \text{et} \quad r = \beta;$$

donc

$$i = r.$$

TROISIÈME QUESTION (moins imp.)

Formation des images dans les miroirs plans.

L'image est toujours symétrique de l'objet par rapport au plan du miroir.

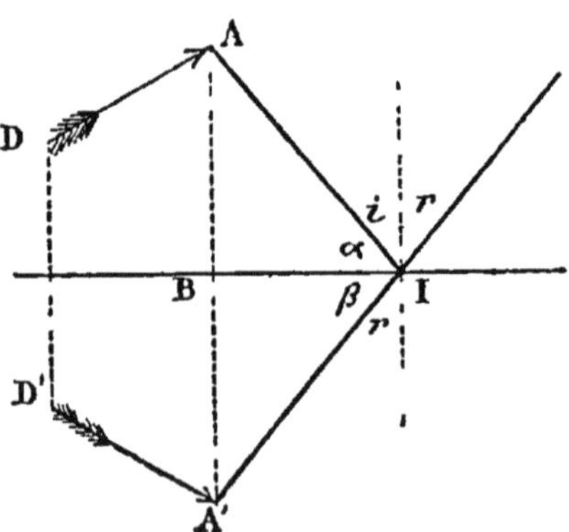

Il faut démontrer que $AB = BA'$;

Les deux triangles BIA, BIA' sont égaux ;

BI est commun, et $\alpha = \beta$ comme complément d'angles égaux, puisque $i = r$; donc $AB = BA'$.

Champ d'un miroir. — On appelle ainsi l'espace dans lequel un observateur doit être placé pour voir l'image.

Dans l'expérience précédente, tout axe passant comme si A′ était réellement un point lumineux, l'observateur ne pourra voir l'image que si son œil est à l'intérieur du cône de sommet A′ et dont les génératrices parcourent le bord du miroir.

Miroirs formant un angle. — *Loi.* — Lorsque l'angle formé par les deux miroirs est contenu n fois dans quatre angles droits, il y a toujours $n-1$ images ; on le prouve par des constructions géométriques.

1) Ces deux miroirs font un angle de 90°.

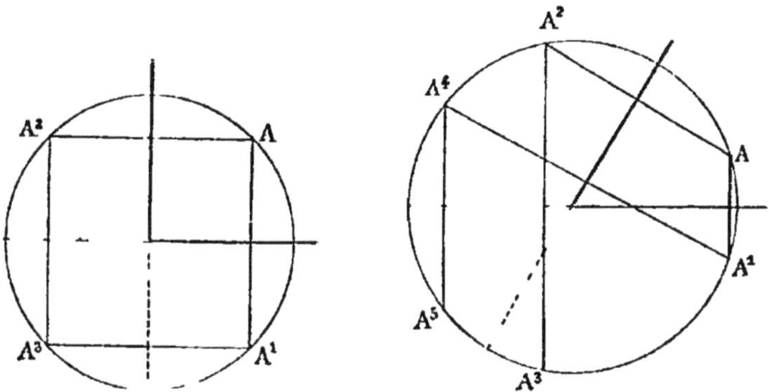

2) Ces deux miroirs font un angle de 60°.

Application. — Kaléidoscope.

Miroirs parallèles. — Un objet lumineux étant placé entre deux miroirs plans parallèles, l'observateur voit un nombre infini d'images.

Dans ce cas, en effet, chaque image donnée par un miroir joue le rôle d'objet lumineux, par rapport au deuxième.

Les images étant symétriques des objets, par rapport au miroir, il est facile de calculer les distances des images entre elles.

QUATRIÈME QUESTION (TRÈS IMP.)

Formation des images dans les miroirs concaves.

Définition. — On appelle miroirs sphériques ceux dont la surface réfléchissante peut être considérée comme faisant partie d'une sphère.

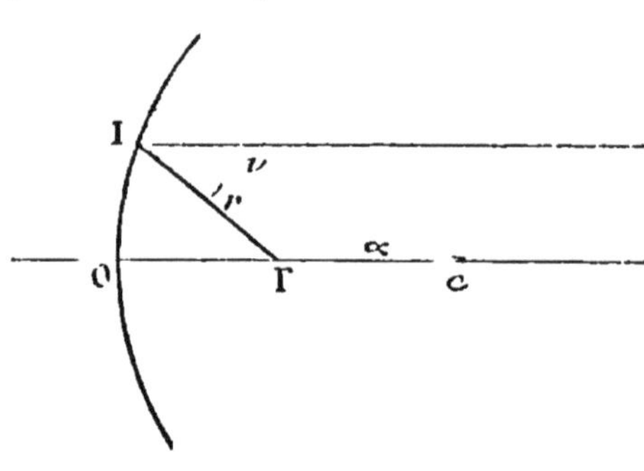

Le *foyer principal* est le point où tous les rayons lumineux parallèles à l'axe principal viennent se couper après réflexion; il se trouve à égale distance du centre de courbure et du centre de figure.

En effet, $i = r = a$; donc le triangle IFC est isocèle.

$$IF = FC \qquad IF = OF \text{ sensiblement;}$$

donc,

$$OF = FC = f = \frac{R}{2}.$$

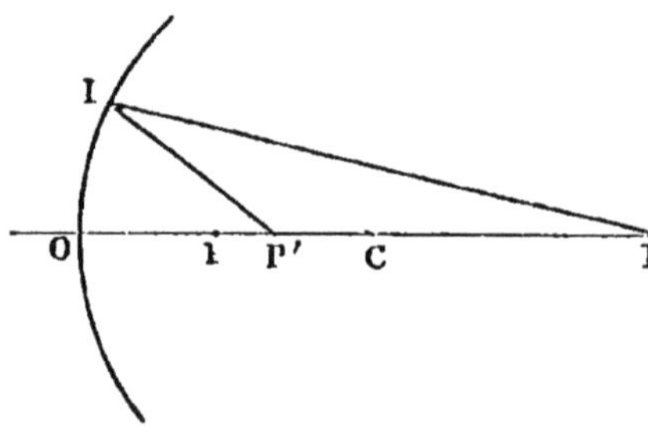

Foyers conjugués. — **Dans PIP′ on a, à cause de la bissectrice IC,**

$$\frac{PI}{P'I} = \frac{PC}{P'C} = \frac{PO}{P'O},$$

$$\frac{p - 2f}{2f - p'} = \frac{p}{p'},$$

chassant les dénominateurs et divisant tout par $pp'f$:

$$(1) \quad \frac{1}{p} + \frac{1}{p'} = \frac{1}{f} = \frac{2}{r}.$$

Si les distances sont comptées à partir du foyer principal, π et π' étant les distances de l'objet et de l'image de ce foyer, on obtient, en remplaçant dans l'équation (1),

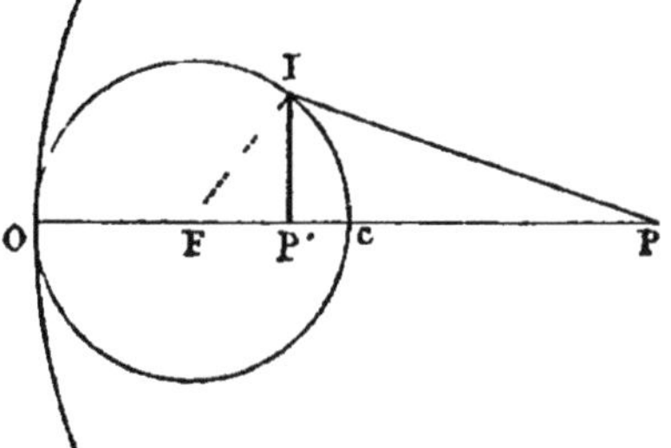

$$\pi\pi' = f^2;$$

dans le rectangle PIF,

$$FP = \pi$$
$$FP' = \pi'$$
$$FI = f;$$

et on a, IP' étant perpendiculaire,

$$\pi\pi' = f^2.$$

Discussion :

$$\frac{1}{p} + \frac{1}{p'} = \frac{1}{f} \qquad p' = \frac{pf}{p-f}.$$

f est constante; on fait varier p de f à 0; et on cherche les valeurs correspondantes de p' :

$p = \alpha$	$p' = f$
p diminue	p' augmente
$p = 2f$	$p' = 2f$
$p = 2f$	$p' = \alpha$
$f < p < 2f$	$2f < p' < \alpha$
$p < f$	$p' = -m$
$p = 0$	$p' = 0.$

[J *Formation des images.* — Pour la construction géométrique des images, on emploie toujours la méthode suivante :

On mène un axe secondaire, puis un rayon parallèle à l'axe principal, qui, après réflexion, passe par le foyer principal. On a :

$$\frac{A'B'}{AB} = \frac{I}{O} = \frac{p'}{p};$$

de plus

$$\frac{1}{p} + \frac{1}{p'} = \frac{1}{f}.$$

On élimine p' entre ces deux équations, et on a le rapport $\dfrac{I}{0}$ en fonction de p, f' étant constant.

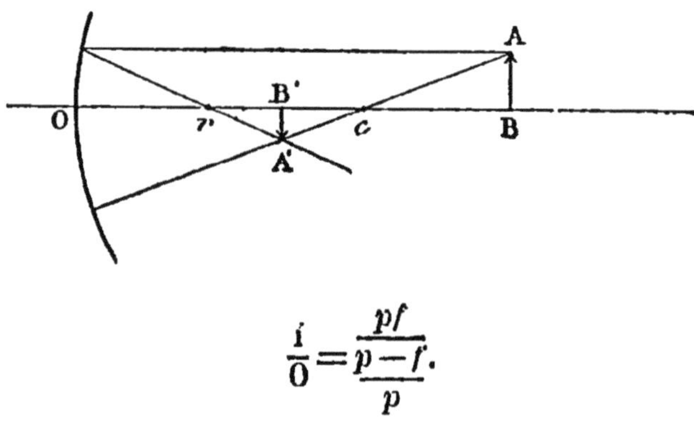

$$\frac{i}{0} = \frac{pf}{\dfrac{p-f}{p}}.$$

CINQUIÈME QUESTION (imp.)

Lois de la réfraction.

Définition. — On appelle réfraction la déviation que subissent les rayons lumineux lorsque, rencontrant obliquement la surface de séparation de deux milieux différents, ils pénètrent de l'un dans l'autre.

Lois. — (1) Le rayon incident et le rayon réfracté sont dans un même plan.

(2) Le rapport du sinus de l'angle d'incidence au sinus de l'angle de réfraction est constant pour les mêmes milieux.

Démonstration expérimentale. — Appareil de Silbermann dans lequel le miroir est remplacé par une auge cylindrique.

Au moyen d'une règle horizontale on mesure le sinus de l'angle d'incidence et celui de l'angle de réfraction,

$$\frac{\sin i}{\sin r} = n = \text{indice de réfraction.}$$

Réfraction par une lame à pans parallèles. — Le rayon réfracté suit une direction parallèle à celle du rayon incident.

SIXIÈME QUESTION (IMP.)

Réfraction par un prisme d'un rayon de lumière homogène.

Soit un rayon lumineux SE, on a :

$$(1) \qquad \sin i = n \sin r,$$
$$(2) \qquad \sin i' = n \sin r';$$

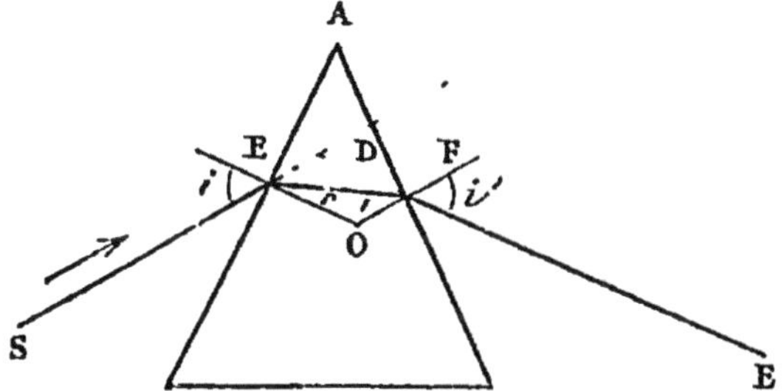

Dans le quadrilatère AEOF, l'angle O est supplémentaire de A, et on a dans EOF

$$(3) \qquad r + r' = A.$$

Dans le triangle DEF, l'angle D est extérieur

$$D = DEF + DFE = i - r + i' - r',$$
$$(4) \qquad i + i' = A + \delta.$$

On a ainsi quatre relations entre $i\,i'\,r\,r'\,n\,$ AD, il suffit d'en connaître trois pour calculer les autres.

Minimum de déviation. — L'expérience prouve que dans ce cas

$$i = i'$$

et

$$r = i';$$

alors les formules deviennent :

Pour (4) $\qquad 2i = A + D,$
(3) $\qquad\qquad 2r = A,$
(1) $\qquad\qquad \sin \dfrac{A + D}{2} = n \sin \dfrac{A}{2},$

ce qui permettra de calculer n, A et D étant connus.

SEPTIÈME QUESTION (TRÈS IMP.)

Réfraction à travers les lentilles convergentes.

Définition. — Les lentilles convergentes sont des masses transparentes, limitées par deux surfaces sphériques, ou par une surface plane et une surface sphérique. Les lentilles à bord mince sont aussi appelées lentilles convergentes.

Foyer principal. — Tous les rayons lumineux parallèles à l'axe principal viennent se couper au même point qui est le foyer principal. Lorsque les ouvertures des faces des lentilles sont considérables, les rayons lumineux ne viennent pas tous se couper au foyer principal, ils forment une courbe (caustique par réfraction) qui provient de l'aberration de sphéricité.

Foyers conjugués. — Le rapport entre les distances p et p' de l'objet et de l'image à la lentille est donné par les formules :

$$\frac{1}{p} + \frac{1}{p'} = \frac{1}{f},$$

$$\frac{1}{f} = (n-1)\left(\frac{1}{R} + \frac{1}{R'}\right) \quad \text{(démonstration).}$$

Centre optique. — Il existe un point dans toute lentille qui jouit de la propriété suivante :

Tout rayon incident, passant par le centre optique, sort parallèlement à sa direction primitive.

Images des objets lumineux.

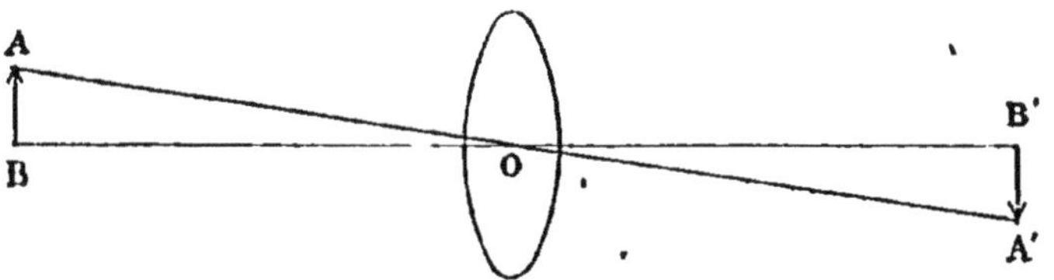

Les triangles ABO, A'B'O donnent :

$$(1) \qquad \frac{A'B'}{AB} = \frac{I}{O} = \frac{p'}{p} = \frac{\text{image}}{\text{objet}} =$$

$$(2) \qquad p' = \frac{pf}{p-f}.$$

Discussion :

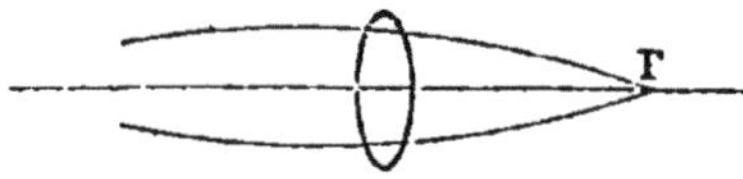

Fig. 1.

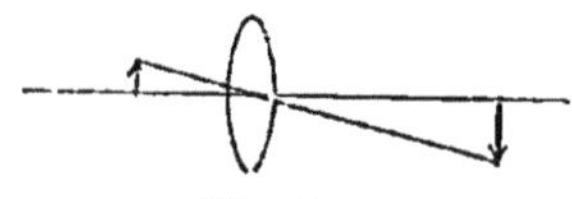

Fig. 2.

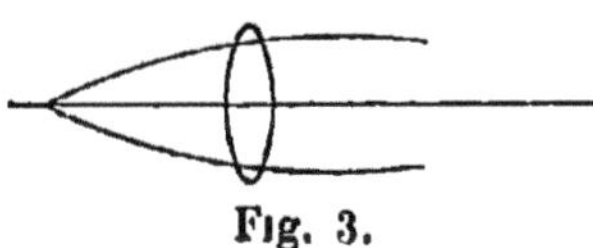

Fig. 3.

1) $p = \alpha$ $p' = f$ I = zéro (fig. 1).
2) p décroît p' croît   I renversée < objet (fig. 2).
3) $p = 2f$ $p' = 2f$ I renversée = objet.
4) $p = f$ $p' = \infty$ I = ∞ (fig. 3).
5) $p < f$ p' négatif   Image virtuelle droite, c'est le cas de la loupe.

HUITIÈME QUESTION (très imp.)

Décomposition de la lumière par un prisme. Spectre solaire.

(1) Quand un faisceau de rayons solaires traverse un prisme, ces rayons sont déviés et décomposés en sept couleurs inégalement réfrangibles : le rouge le moins réfrangible, le violet le plus réfrangible.

Pour obtenir un spectre pur, on obtient au moyen d'une lentille convergente des rayons lumineux parallèles.

(2) Les diverses couleurs sont simples et inégalement réfrangibles :

1° Expérience des prismes parallèles ;

2° Expérience des prismes croisés. '

(3) Pour recomposer la lumière blanche, il suffit de superposer en un même point toutes les couleurs du spectre.

(4) Un rayon lumineux solaire décomposé par un prisme donne trois spectres :

1° Un spectre lumineux ;

2° Un spectre calorifique ultra-rouge, moins réfrangible ;

3° Un spectre chimique ultra-violet, plus réfrangible.

Expériences. — (1) Dans le spectre solaire on remarque des raies obscures, parallèles aux lignes de séparation des couleurs (Fraunhofer).

(2) Les corps solides ou liquides amenés à l'incandescence donnent un spectre continu.

(3) Les corps gazeux donnent un spectre discontinu, formé par des intervalles obscurs et des raies très brillantes.

(4) Les rayons lumineux d'un corps solide incandescent (lumière de Drummond) traversent un corps gazeux (alcool salé); dans le spectre, on voit alors apparaître une raie obscure correspondant à la raie brillante de l'alcool salé.

Donc, si l'alcool salé a la propriété de n'émettre que cer-
tains rayons, il a aussi la propriété de les absorber.

Applications. — *Spectroscope.* — *Analyse spectrale.*

NEUVIÈME QUESTION (très imp.)

La loupe : calcul du grossissement.

La loupe se compose d'une simple lentille convergente.

L'objet est placé entre le foyer principal et la lentille ; les
rayons ne peuvent se rencontrer. En construisant leur pro-

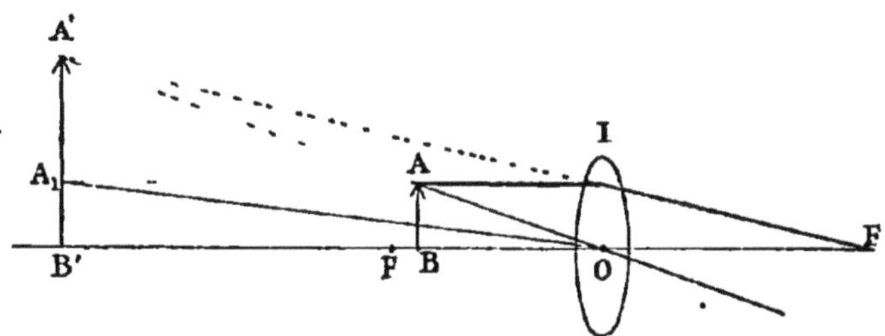

longement géométrique, on obtient une image droite virtuelle
et agrandie de l'objet.

Grossissement. — Le grossissement est le rapport des diamètres apparents de l'image et de l'objet, l'image étant
placée à la distance minimum de vision distincte, et l'objet
vu à l'œil nu à la même distance.

L'œil et le centre optique sont supposés confondus. On
suppose AB projeté sur A'B' en A_1B_1' :

$$Gr = \frac{A'B'}{A_1B'} = \frac{A'B'}{AB} = \frac{p'}{p} = \frac{D}{f}.$$

En effet, BO égale sensiblement f, et p' égale la distance
minimum de vision distincte.

Donc le grossissement est d'autant plus grand que f est plus petit.

Remarque. — Pour les autres instruments d'optique, qui sont rarement demandés à l'écrit, nous conseillons de voir la *Physique* de MM. Drion et Fernet.

PROBLÈMES

PREMIÈRE PARTIE — PESANTEUR

PREMIER TYPE

Lois de la chute des corps.

Formules :

$$e = \mathrm{V}ot \pm \frac{1}{2}gt^2,$$

$$v = \mathrm{V}o \pm gt.$$

PREMIER PROBLÈME.

Un projectile lancé de haut en bas par une arme à feu vient frapper le sol au bout de t secondes. Au même instant, un observateur placé près de l'endroit où frappe le projectile entend la détonation. Quelle était la vitesse du projectile au sortir de l'arme?

Solution. — Dans la formule

$$e = \mathrm{V}ot + \frac{1}{2}gt^2,$$

$$\mathrm{V}o = x;$$

mais e est inconnu. Mais comme le son parcourt 340 mètres par seconde, et que la détonation n'a été entendue qu'après t secondes,

$$e = 340 \times t$$

$$340 \times t = xt + \frac{1}{2}gt^2$$

$$340 - \frac{1}{2}gt = x.$$

DEUXIÈME TYPE

Pendule.

Formule :

$$t = \pi \sqrt{\frac{l}{g}}.$$

PREMIER PROBLÈME.

Calculer la longueur d'un pendule battant la seconde à Paris.

$$t = \pi \sqrt{\frac{x}{g}}$$
$$t^2 g = \pi^2 x$$
$$x = \frac{t^2 g}{\pi^2}.$$

DEUXIÈME PROBLÈME.

Trouver l'accélération,

$$t = \pi \sqrt{\frac{l}{x}}$$
$$x = g \frac{\pi^2 l}{t^2}.$$

TROISIÈME TYPE

Vases communiquants.

Principe. — (1) Les hauteurs sont en raison inverse des

densités:

$$\frac{h}{h'} = \frac{d'}{d}.$$

(2) La pression sur le fond d'un vase est égale au poids d'une colonne liquide cylindrique, ayant pour base le fond considéré, et pour hauteur la distance à la surface libre.

(3) Tous les points situés sur un même plan horizontal supportent les mêmes pressions.

Problèmes.

PREMIER CAS. — Les deux vases sont cylindriques et de même diamètre; il n'y a que deux liquides.

Alors

$$\frac{h}{h'} = \frac{d'}{d},$$

ou bien

$$\frac{h}{x} = \frac{d'}{d}$$

(hauteur inconnue); ou bien

$$\frac{h}{h'} = \frac{x}{d}$$

(densité inconnue).

DEUXIÈME PROBLÈME.

On a deux vases communiquants de section s et s'; dans le premier on introduit un liquide de densité d et de hauteur h; dans le second, un liquide de densité d' et de hauteur h', puis un second liquide de densité d''. Quelle devra être la hauteur de ce deuxième liquide pour que l'équilibre existe.

Solution. — On exprime que le poids de la colonne du premier liquide shd égale le poids des deux autres colonnes liquides

$$shd = s'h'd' + s'xd'';$$

x étant connu, il sera facile de trouver la différence de niveau.

Remarque. — On fait passer un plan horizontal par la surface de séparation du liquide le plus dense avec le liquide immédiatement supérieur; les hauteurs sont comptées à partir de ce niveau.

QUATRIÈME TYPE

Principe d'Archimède.

PREMIER CAS. — DENSITÉS.

Formules. — (1) La densité est le poids de l'unité de volume d'un corps, ou le rapport entre le poids d'un certain volume de ce corps et le poids d'un égal volume d'eau :

$$D = \frac{P}{V} = \frac{P}{p}.$$

(2) *Principe d'Archimède.* — Tout corps plongé dans un fluide subit une poussée verticale de bas en haut, égale en grandeur au poids du volume du fluide déplacé.

PREMIER PROBLÈME.

Un corps pèse P, plongé dans un liquide subit une perte de poids p; la densité du liquide est d'; calculer la densité du corps.

On a : ,

$$P = Vd = Vx \qquad (1).$$

V est inconnu.

Mais la perte du poids p égale le poids d'un volume liquide égal au volume du corps :

$$p = Vd'$$
$$V = \frac{p}{d'},$$

remplaçant dans (1)

$$P = Vx = \frac{p}{d'} x$$
$$x = \frac{Pd'}{p}.$$

DEUXIÈME PROBLÈME.

Un fragment de métal pèse dans l'air P, dans l'eau P',
dans un second liquide P″ ; on demande :
(1) La densité du métal ;
(2) La densité du second liquide.
Solution. — Soit V le volume du corps, on a :
(1) Dans l'air,

$$P = Vx,$$

x étant sa densité ;
(2) Dans l'eau,

$$P' = P - V,$$

car le volume de l'eau représente son poids ;
(3) Dans le liquide,

$$P'' = P - Vy,$$

y étant la densité en liquide.
D'où

$$V = P - P',$$

et

$$(1) \qquad x = \frac{P - P'}{P} ;$$

$$(3) \qquad P'' = P - y\,(P - P')$$
$$y = \frac{P - P''}{P - P'}.$$

DEUXIÈME CAS. — CORPS FLOTTANTS.

Principe. — Le poids total du corps flottant est égal au poids du volume liquide déplacé par la partie plongée.

PREMIER PROBLÈME.

A la surface d'un liquide de densité d flotte un corps de volume V et de densité d'; calculer le rapport du volume immergé au volume total, et le poids du liquide déplacé.

Solution. — Soit x le volume émergeant,

y le volume immergé.

Le poids du corps Vd' est $(x+y)\,d'$;

Le poids du liquide déplacé est yd;

Ces deux quantités sont égales.

Donc,

$$(x+y)\,d' = yd$$

$$\frac{x}{x+y} = \frac{d'}{d} = \frac{\text{volume immergé}}{\text{volume total}},$$

$$x+y = V;$$

donc le poids du liquide égale yd.

DEUXIÈME PROBLÈME.

Deux corps ont pour densité d et d'; calculer le rapport de leurs volumes pour qu'ils flottent dans un liquide de densité D.

Solution. — Le poids total des corps est $Vd + V'd'$.

Le poids du liquide déplacé est $(V+V')\,D$.

Ces deux quantités sont égales.

$$Vd + V'd' = VD + VD$$

$$V(d-D) = V'(D-D')$$

$$\frac{V}{V'} = \frac{D-d'}{d-D}.$$

TROISIÈME PROBLÈME.

Un cylindre plein flotte à la surface d'un liquide de densité d; un tiers de son volume V est seul immergé; son poids est P.

Calculer : (1) le volume du cylindre;

(2) le poids qu'il faudrait placer sur la base supérieure pour qu'il fût complètement immergé.

Solution. — **1**) Le poids total P égale le poids du volume déplacé,

$$P = \frac{1}{3} V d = \frac{1}{4} x d,$$

d'où x.

2) Soit y le poids cherché; pour qu'il y ait affleurement on doit avoir :

$$P + y = Vd.$$

CINQUIÈME TYPE

Baromètres.

PREMIER CAS. — PESANTEUR DE L'AIR, PRESSION ATMOSPHÉRIQUE.

PREMIER PROBLÈME.

Calculer en kilogrammes la pression exercée par l'atmosphère sur une surface S :

La pression barométrique est H;

La densité du mercure d.

Solution. — C'est le poids d'une colonne de mercure dont la base est S et la hauteur H,

$$P = SHd.$$

Deuxième cas. — Un vase cylindrique de section s contient un liquide de densité d et de hauteur h.

(1) Évaluer la pression en grammes sur le fond.

(2) L'évaluer en atmosphères.

Solution. — **1)** Le poids en grammes est *shd*.

2) Les pressions exercées par les liquides de densités différentes étant entre elles comme ces densités, il est facile de trouver la pression en atmosphères; le poids d'une colonne de mercure de 760 millimètres de hauteur représentant la pression d'une atmosphère.

TROISIÈME CAS. — FORCE ASCENSIONNELLE D'UN AÉROSTAT.

Principe d'Archimède. — Tout corps plongé dans un fluide subit une poussée verticale de bas en haut égale en grandeur au poids du volume du fluide déplacé.

PREMIER PROBLÈME.

Pour trouver la force ascensionnelle, on cherche la différence entre le poids du gaz et des parties solides P et le poids du volume fluide déplacé P',

$$F = P' - P.$$

Mais pour les gaz il faut tenir compte de la température et de la pression, et employer la formule

$$P = Va\delta \frac{H}{760} \ \frac{1}{1 + \alpha t}.$$

(Voir *Chaleur*.)

DEUXIÈME PROBLÈME.

Trouver le poids réel d'un corps.

Solution. — Le poids réel est le poids du corps dans le vide.

Soient x le poids réel,   P les poids marqués

D la densité du corps,   Δ leur densité,

$$V = \frac{x}{D} \qquad\qquad V' = \frac{P}{\Delta}.$$

Si α est la densité de l'air, le poids de l'air déplacé est,

Par le corps :   Par les poids :

$$\frac{x}{D}\,\alpha \qquad\qquad\qquad \frac{P}{\Delta}$$

Le poids apparent est

$$x - \frac{x}{D}\,\alpha \qquad\qquad P - \frac{P}{\Delta}\,\alpha,$$

ou

$$x\left(1 - \frac{\alpha}{D}\right) \quad = \quad P\left(1 - \frac{\alpha}{\Delta}\right).$$

Ces deux quantités sont égales puisque le fléau de la balance est horizontal :

$$x = P\,\frac{1 - \dfrac{\alpha}{\Delta}}{1 = \dfrac{\alpha}{D}}.$$

DEUXIÈME PARTIE — CHALEUR

Solides et liquides :

$$l_t = l_0 (1 + \delta t) \qquad V_t = V_0 (1 + kt)$$

$$\frac{l_t}{l_t} = \frac{1 + \delta t'}{1 + \delta t} \qquad \frac{V_{t'}}{V_t} = \frac{1 + kt'}{1 + kt}$$

$$k = 3\delta.$$

Gaz :

$$\frac{VH}{1 + \alpha t} = \frac{V'H'}{1 + \alpha t'} \qquad \alpha = 0,\!0367.$$

$$P = Va\delta \, \frac{H}{760} \, \frac{1}{1 + \alpha t}.$$

Mélange des gaz et des vapeurs :

$$P = Va \, \frac{H - F}{760} \, \frac{1}{1 + \alpha t},$$

poids du gaz sec.

$$P = Va \, \frac{5}{8} \, \frac{F}{760} \, \frac{1}{1 + \alpha t},$$

poids de la vapeur saturante,

$$P = Va \, \frac{H - EF}{760} \, \frac{1}{1 + \alpha t},$$

poids du gaz sec (E = l'état hygrométrique).

$$P = Va \, \frac{5}{8} \, \frac{EF}{760} \, \frac{1}{1 + \alpha t},$$

poids de la vapeur.

Calorimétrie :

$$q = Pc\,(T' - t).$$

Chaleur latente de fusion de la glace $= 79{,}25$ calories.
—   de vaporisation de l'eau $= 537$ calories.

____

PREMIER TYPE

Dilatations des solides et des liquides.

Formules :

$$l_t = l_0\,(1 + \delta t) \qquad V_t = V_0\,(1 + h t)$$
$$l_{t'} = l_t\,\frac{1 + \delta t'}{1 + \delta t} \qquad V_t = V_t\,\frac{1 + h t'}{1 + h t'}$$
$$h = 3\delta.$$

(Le coefficient de dilatation cubique égale le triple du coefficient de dilatation linéaire.)

PREMIER PROBLÈME.

Le volume d'une sphère de cuivre est V à t^o ; calculer son volume V' à t'^o, le coefficient de dilatation est δ.

On a

$$\frac{V}{V'} = \frac{1 + h t}{1 + h t'} = \frac{1 + 3\delta t}{1 + 3\delta t'},$$

d'où

$$V' \text{ à } t'^o.$$

DEUXIÈME PROBLÈME.

Une règle a une longueur l à t^o, à quelle température faudra-t-il la porter pour qu'elle ait une longueur l' ?

Le coefficient de dilatation linéaire $= \delta$.

Formule :

$$\frac{l}{l'} = \frac{1+dt}{1+dt'},$$

d'où

$$\frac{l}{l'} = \frac{1+dt}{1+dx},$$
$$l + l\,dx = l'(1+dt),$$
$$x = \frac{l'(1+dt)-l}{ld}.$$

TROISIÈME PROBLÈME.

Deux colonnes verticales d'un même liquide, l'une à 0° et dont la hauteur est h_0 ; l'autre à $t°$ et dont la hauteur est h, font équilibre à une même pression ; en déduire le coefficient de dilatation absolu.

On sait que les hauteurs sont en raison inverse des densités, et les densités inversement proportionnelles aux binômes de dilatation :

$$\frac{h}{h_0} = \frac{d_0}{d} = \frac{1+kt}{1};$$

d'où

$$\frac{h}{h_0} = 1+kt,$$

d'où

$$k = \frac{h-h_0}{h_0 t}.$$

QUATRIÈME PROBLÈME.

Thermomètre à poids. — Un vase contient P kilogrammes de mercure à 0° ; porté de 0° à 100°, il sort π kilogrammes ; à quelle température faudra-t-il le porter pour qu'il en sorte p kilogrammes.

La dilatation apparente correspondant à $t°$ est :

$$(\alpha) \quad \frac{\pi}{(P-\pi)\,100}.$$

Quand on porte l'appareil à x degrés, il sort p ; la dilatation apparente totale est :

$$\frac{p}{P-p}.$$

Autant de fois cette quantité comprendra (α), autant il y aura de degrés :

$$x = \frac{\dfrac{p}{P-p}}{\dfrac{\pi}{(P-\pi)\,100}} = 100\,\frac{p}{\pi} \times \frac{P-\pi}{P-p}.$$

DEUXIÈME TYPE

Dilatations des gaz.

Formule. — Les volumes sont inversement proportionnels aux pressions (loi de Mariotte), directement proportionnels aux binômes de dilatation :

$$\frac{VH}{1+\alpha t} = \frac{V'H'}{1+\alpha t'}.$$

PREMIER PROBLÈME.

V litres d'air sous la pression H et à t^o sont portés à t'^o, et sous la pression H' ; on demande le volume V' ; α est connu.

On tire immédiatement

$$x = V\frac{H}{H'}\frac{1+\alpha t'}{1+\alpha t}.$$

DEUXIÈME PROBLÈME.

Un vase dont on suppose le volume invariable renferme

4.

V litres d'air à $t°$, sous la pression H; la température s'élevant à $t'°$, on demande de calculer la pression H'.

Le volume V étant constant on a :

$$\frac{VH}{1+\alpha t} = \frac{VH'}{1+\alpha t'}$$

$$VH'(1+\alpha t) = VH(1+\alpha t')$$

$$x = H' = \frac{H(1+\alpha t')}{1+\alpha t}.$$

TROISIÈME TYPE

Poussée des corps dans l'air.

(Voir à la *Pesanteur*.)

QUATRIÈME TYPE

Mélange des gaz.

Formule. — Quand on mélange des gaz entre eux, ou des gaz et des vapeurs, la pression totale est égale à la somme des pressions de chaque gaz, étant considéré comme occupant seul tout le volume.

PREMIER VOLUME.

Dans un ballon de V litres à $T°$ on introduit :

1° v litres d'air à t' et sous h';

2° v' litres d'un gaz à t'' et sous h''. On demande la pression totale ; α est connu.

1) On calcule d'abord la pression x acquise par les v litres à t' sous h', passant à V litres et à T° :

$$\frac{Vh}{1+\alpha t}=\frac{V'h'}{1+\alpha t'} \qquad h'=x \qquad \frac{vh'}{1+\alpha t'}=\frac{Vx}{1=\alpha T}$$

$$x=h'=\frac{vh'(1+\alpha T)}{V(1+\alpha t')}.$$

2) De même la pression y acquise par les v' litres à t''° sous h' :

$$y=\frac{v'h''(1+\alpha T)}{V(1+\alpha t'')},$$

et $x+y=$ la pression cherchée.

———

CINQUIÈME TYPE

Poids d'un volume donné d'un gaz.

Formule. — A 0° et sous la pression normale 760, v litres d'un gaz ou d'une vapeur de densité δ pèsent

$$P=Va\delta ;$$

sous la pression H et à 0°

$$P=Va\delta\,\frac{H}{760};$$

et à t°

$$P=Va\delta\,\frac{H}{760}\,\frac{1}{1+\alpha t}.$$

Remarque. — Dans cette formule, comme dans toutes les autres, le poids, le volume, la pression ou la température peuvent être inconnus.

PREMIER PROBLÈME.

t^o est inconnu.

A quelle température P grammes d'air sec occuperont-ils un volume V sous une pression H ; ici $\delta = 1$:

$$P = Va \frac{H}{760} \frac{1}{1 + \alpha x},$$

d'où x.

DEUXIÈME PROBLÈME.

V est inconnu.

Calculer le volume de vapeur à T^o que peuvent fournir P kilogrammes d'eau ; $\delta = \frac{5}{8}$; la pression est 760 :

$$P = xa \frac{5}{8} \frac{760}{760} \frac{1}{1 + \alpha t},$$

d'où x.

TROISIEME PROBLÈME.

Trouver le poids de V litres d'un gaz de densité d à t^o et sous la pression H :

$$x = Vad \frac{H}{760} \frac{1}{1 + \alpha t}.$$

SIXIÈME TYPE

Hygrométrie (loi du mélange des gaz et des vapeurs).

Formules. — PREMIER CAS. — L'air est saturé. La tension maxima de la vapeur est F.

PREMIER PROBLÈME.

On demande le poids de V litres d'air saturés à t^o sous H. La tension maxima est F.

La formule

$$P = Va\delta \; \frac{H}{760} \; \frac{1}{1+\alpha t}$$

devient

$$P = Va \; \frac{H-F}{760} \; \frac{1}{1+\alpha t} = x;$$

car

$$d = 1,$$

et la pression du gaz est égale à la pression totale moins la tension de la vapeur, c'est-à-dire $H - F$.

DEUXIÈME PROBLÈME.

On demande le poids P' de vapeur d'eau contenue dans V litres d'air saturés (F) à t^o sous H :

$$P' = Va \; \frac{5}{8} \; \frac{F}{760} \; \frac{1}{1+\alpha t} = y;$$

car

$$d = \frac{5}{8},$$

et la tension de la vapeur est la tension maxima F.

TROISIÈME PROBLÈME.

On demande le poids total P″ du mélange de gaz et de vapeur.

On calcule x puis y, et

$$x + y = P''.$$

DEUXIÈME CAS. — L'air n'est pas saturé ; on donne l'état hygrométrique E ; la tension maxima F. Il faut avoir la tension actuelle de la vapeur f. Par définition,

$$E = \frac{f}{F},$$

d'où

$$f = EF.$$

Les trois problèmes précédents deviendront :

PREMIER PROBLÈME.

Poids du gaz sec,

$$P = Va \; \frac{H - EF}{760} \; \frac{1}{1 + \alpha t} = x.$$

DEUXIÈME PROBLÈME.

Poids de la vapeur,

$$P' = Va \; \frac{5}{8} \; \frac{EF}{760} \; \frac{1}{1 + \alpha t} = y.$$

TROISIÈME PROBLÈME.

Le poids total,

$$x + y = P''.$$

QUATRIÈME PROBLÈME.

Si on demandait l'état hygrométrique E, alors P serait connu, il suffirait de tirer la valeur de E et de remplacer les lettres par leur valeur.

SEPTIEME TYPE

Calorimétrie.

Remarque. -- Prendre le kilogramme pour unité de poids.

Principe. — 1° La quantité de chaleur q perdue ou gagnée par un corps est proportionnelle à son poids P, à sa chaleur spécifique C, au changement de température $(T' - T)$,

$$q = PC(T' - T);$$

2° La chaleur spécifique de l'eau égale l'unité, égale une calorie ;

3° On établira toujours l'équation en égalant la chaleur perdue à la chaleur gagnée.

PREMIER PROBLÈME (*chaleur spécifique*).

On mêle M kilogrammes d'eau à t avec P kilogrammes d'un autre liquide à T° ; calculer sa chaleur spécifique ; la température finale est θ :

Chaleur gagnée par l'eau,		Chaleur perdue par le corps,
$M(t - \theta)$	—	$Px(T - \theta)$.

Si on tient compte de la chaleur gagnée par le calorimètre de poids p, de chaleur spécifique c :

$$\underbrace{\text{Chaleur gagnée}}\qquad = \quad \overbrace{\text{Chaleur perdue}}$$

Par l'eau,	Par le calorimètre,		
$M(t + \theta) +$	$pc(t - \theta)$	$=$	$Px(T - \theta)$.

DEUXIÈME PROBLÈME (*chaleur spécifique*).

P kilogrammes d'un corps à T sont placés dans un bloc de glace ; p kilogrammes sont fondus ; la chaleur spécifique est x :

$$P x T = p \ 79.25,$$

79.25 étant la chaleur latente de fusion de la glace.

TROISIÈME PROBLÈME (*chaleur latente de fusion*).

P kilogrammes d'un corps fondant à $T''°$ sont à T' ; la chaleur spécifique à l'état liquide est c, à l'état solide c' ; on plonge le corps dans une masse d'eau M à une température t ; la température finale est $θ$. On demande la chaleur latente de fusion du corps :

Chaleur perdue par le corps pour s'abaisser			=	Chaleur gagnée par l'eau
1 de T' à T'	+	2 pour se solidifier	+	3 de T'' à θ	=	
Pc(T'—T'')+		Px		+ Pc(T'''—θ) =	M (θ —t).

QUATRIÈME PROBLÈME (*chaleur latente de fusion de la glace*).

P kilogrammes de glace à $0°$ sont mélangés à M kilogrammes d'eau à t ; la température finale est $θ$; trouver la chaleur latente de fusion :

Chaleur perdue par l'eau	=	Chaleur gagnée	
		1 par la glace pour fondre	+	2 par l'eau de fusion, pour s'élever de 0 à θ.
M (t — θ)	=	Px	+	Pθ.

CINQUIÈME PROBLÈME (*chaleur latente de vaporisation*).

P kilogrammes de vapeur d'eau à $100°$ passent à travers un serpentin (pc) plongé dans une masse d'eau M ; la température primitive de l'eau est t ; la température finale $θ$. On demande la chaleur latente de vaporisation de l'eau :

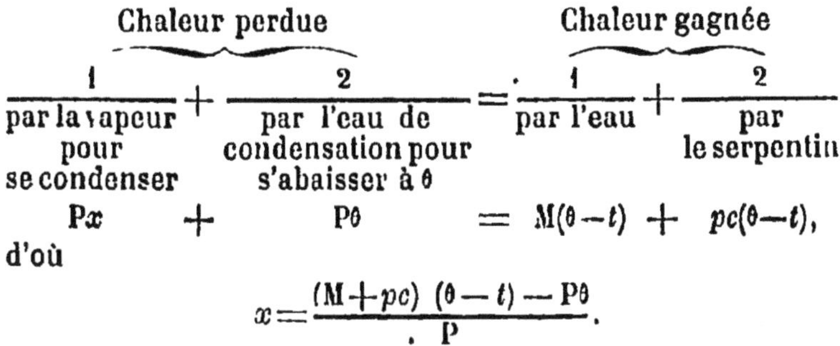

$$\underbrace{\underset{\substack{\text{par la vapeur} \\ \text{pour} \\ \text{se condenser}}}{\overset{1}{\underline{}}} + \underset{\substack{\text{par l'eau de} \\ \text{condensation pour} \\ \text{s'abaisser à } \theta}}{\overset{2}{\underline{}}}}_{\text{Chaleur perdue}} = \underbrace{\underset{\text{par l'eau}}{\overset{1}{\underline{}}} + \underset{\substack{\text{par} \\ \text{le serpentin}}}{\overset{2}{\underline{}}}}_{\text{Chaleur gagnée}}$$

$$P x \qquad + \qquad P\theta \qquad = \quad M(\theta - t) \; + \; pc(\theta - t),$$

d'où

$$x = \frac{(M + pc)\,(\theta - t) - P\theta}{P}.$$

Remarque. — Si la chaleur spécifique, la chaleur latente de fusion, ou la chaleur latente de vaporisation n'est pas donnée, on établit la formule générale, et une seconde équation permet de trouver la chaleur spécifique.

SIXIÈME PROBLÈME.

Calculer le poids de vapeur d'eau, à 100°, qu'il faut pour fondre P kilogrammes de glace à 0°; la température finale est t :

$$\underbrace{\underset{\substack{\text{par la vapeur} \\ \text{en se} \\ \text{liquéfiant}}}{\overset{1}{\underline{}}} + \underset{\substack{\text{par l'eau en} \\ \text{s'abaissant à } \theta}}{\overset{2}{\underline{}}}}_{\text{Chaleur perdue}} = \underbrace{\underset{\substack{\text{par la glace} \\ \text{pour} \\ \text{fondre}}}{\overset{1}{\underline{}}} + \underset{\substack{\text{par l'eau} \\ \text{de fusion pour} \\ \text{s'élever à } \theta}}{\overset{2}{\underline{}}}}_{\text{Chaleur gagnée}}$$

$$x\,537 \qquad + \qquad x\,(100 - \theta) \;=\; P\,79{,}25 \;+\; P\theta$$

$$x = \frac{P\,(79{,}25 + \theta)}{537 + 100 - \theta}.$$

TROISIÈME PARTIE — ACOUSTIQUE

PREMIER TYPE

Lois des vibrations transversales des cordes.

$$n = \frac{1}{2rl} \sqrt{\frac{g\mathrm{P}}{d\pi}}.$$

PREMIER PROBLÈME.

Par quel poids faut-il tendre une corde de densité d, de diamètre $2r$ et de longueur l, pour qu'elle donne n vibrations par seconde :

$$n = \frac{1}{2rl} \sqrt{\frac{gx}{d\pi}}$$

$$n^2 = \frac{1}{4r^2l^2} \frac{gx}{d\pi}$$

$$\frac{n^2 4r^2 l^2 d\pi}{g} = x.$$

Remarque. — De même le diamètre, la longueur, ou le nombre de vibrations pourraient être inconnus.

QUATRIEME PARTIE — OPTIQUE

La quantité de chaleur q fournie par une source I à une distance d égale $\dfrac{\mathrm{I}}{d^2}$,

$$\frac{\mathrm{I}}{d^2} = \frac{\mathrm{I}'}{d'^2}.$$

Réflexion. — Miroirs sphériques concaves :

$$\frac{1}{p} + \frac{1}{p'} = \frac{1}{f} = \frac{2}{\mathrm{R}}$$
$$\pi\pi' = f^2$$
$$\frac{\mathrm{I}}{\mathrm{O}} = \frac{p'}{p}.$$

Réfraction :

$$\frac{1}{p} + \frac{1}{p'} = \frac{1}{f}$$
$$\frac{\mathrm{I}}{\mathrm{O}} = \frac{p'}{p}.$$

Grossissement de la loupe :

$$\mathrm{G} = \frac{\mathrm{D}}{f}.$$

Grossissement du microscope. — G égale le produit du grossissement de l'objectif par le grossissement de l'oculaire.

Grossissement de la lunette astronomique :

$$\mathrm{G} = \frac{\mathrm{F}}{f}$$

PREMIER TYPE.

Photométrie.

Principe. — Le rapport des intensités de deux sources est égal au rapport du carré des distances

$$\frac{I}{D^2} = \frac{I'}{D'^2}.$$

PREMIER PROBLÈME.

Une bougie placée à une distance d d'un écran l'éclaire avec une certaine intensité; un corps lumineux pour éclairer l'écran avec une même intensité doit être placé à une distance d'; quel est le rapport de l'intensité de cette source de lumière à celle de la bougie?

Il suffit d'appliquer la formule, et on a :

$$\frac{I}{I'} = \frac{d^2}{d'^2} = \text{le rapport} ;$$

et en prenant la bougie pour unité, on trouvera le nombre de bougies qui donneraient le même éclairement que le corps lumineux.

Remarque. — On pourrait de même calculer la distance d' à laquelle il faudrait placer le corps lumineux pour que les éclairements fournis par le corps et la bougie fussent égaux : $\frac{I}{I'}$ serait connu.

DEUXIÈME TYPE

Réflexion (miroirs courbes).

$$\frac{1}{p}+\frac{1}{p'}=\frac{1}{f}=\frac{2}{R}$$

$$\frac{I}{O}=\frac{p'}{p}$$

$$\pi\pi'=f^2.$$

p et p' étant les distances de l'objet et de l'image à partir du sommet du miroir;

π et π' étant les distances de l'objet et de l'image comptées à partir du foyer principal.

PREMIER PROBLÈME.

Un miroir sphérique concave de rayon R est placé à distance p d'un objet de hauteur h; quelle sera la position de l'image p'?

Quelle sera sa hauteur h'?

$$(1) \qquad \frac{1}{p}+\frac{1}{p'}=\frac{2}{R}+\frac{1}{f},$$

d'où

$$p'=\frac{pf}{p-f}=$$

Si $p' > 0$ image réelle,
Si $p' < 0$ image virtuelle,

$$(2) \qquad \frac{I}{O}=\frac{p'}{p}=\frac{h'}{h},$$

d'où

$$h' = x = \frac{p'h}{p}.$$

TROISIÈME TYPE

Réfraction.

Formule :

$$\frac{1}{p} + \frac{1}{p'} = \frac{1}{f}$$

$$\frac{I}{O} = \frac{p'}{p}.$$

$p' = $ la distance de l'image à la lentille ;
$p = $ la distance de l'objet à la lentille ;
$f = $ la distance focale principale.

PREMIER PROBLÈME (*image réelle*).

Un objet de hauteur H est placé à une distance p d'une lentille convergente, et fournit une image réelle de hauteur H' ; à quelle distance de la lentille faudra-t-il placer le même objet pour que l'image réelle ait une hauteur h ?

$$(1) \qquad \frac{1}{p} + \frac{1}{p'} = \frac{1}{f},$$

$$(2) \qquad \frac{I}{O} = \frac{p'}{p}.$$

f étant inconnu, il faut le déterminer d'abord :
De (1) on a :

$$f = \frac{pp'}{p' + p} \ (3);$$

De (2) on a :

$$\frac{H'}{H} = \frac{p'}{p},$$

ou

$$p' = \frac{pH'}{H} \quad (\beta).$$

Remplaçant p' par sa valeur dans (α) et tirant la valeur.
de f, on a :

$$f = \frac{pH'}{H' - H} = A,$$

en remplaçant les lettres par leur valeur.

Dans la deuxième expérience p est inconnu.

On a donc :

$$\frac{1}{x} + \frac{1}{p'} = \frac{1}{f} = \frac{1}{A} \qquad (3)$$

et

$$\frac{p'}{p} = \frac{I}{O} = \frac{h}{H},$$

d'où

$$p' = \frac{ph}{H},$$

et, remplaçant p' par sa valeur dans l'équation (3), il vient :

$$p' = \frac{xA}{x - A} = \frac{xh}{H},$$

ou

$$AH = xh - ah,$$
$$x = \frac{AH + ah}{h}.$$

DEUXIÈME PROBLÈME.

Dans le cas d'une loupe, l'image serait virtuelle, et la formule devient :

$$\frac{1}{p} - \frac{1}{p'} = \frac{1}{f}$$

$$\frac{I}{O} = \frac{p'}{p},$$

et le grossissement :

$$G = \frac{I}{O} = \frac{p'}{p} = \frac{D}{f},$$

D étant la distance minimum de la vision distincte.

TABLE DES MATIÈRES

ACOUSTIQUE.

OPTIQUE.

PROBLÈMES.

1840 84 — Corbeil Typ et Stér Crété

LISTE

DES PRINCIPAUX OUVRAGES

RECOMMANDÉS

AUX CANDIDATS

AUX BACCALAURÉATS

ENSEIGNEMENT SECONDAIRE CLASSIQUE

CLASSE PRÉPARATOIRE

Méthode d'écriture,

Par M. Crapelet, professeur à l'École Monge. 9 cahiers. Chaque cahier comprend 20 pages (format 22 sur 27) imprimées sur tres beau papier, avec modeles de demonstration imprimes sur fond noir, modeles d'écriture et reglure. Prix du cahier. . . . . 50 c.

Nouvelle méthode pratique pour l'enseignement de la géographie.
Texte-Atlas (Cours élémentaire),

Établi conformément au plan d'Études pour l'Enseignement primaire (*Arrêté du 27 juillet 1882*), par M. Dubail, professeur de Géographie, Officier d'Académie. Un volume in-4° cartonné, avec cartes et 45 figures dans le texte, en noir et en couleur. . . . . 1 fr. 20

Texte-Atlas (Cours moyen),

LIVRE DE L'ÉLÈVE :

La France, précédé d'une revision du Cours élémentaire et suivi d'un supplement pour le certificat d'etudes primaires, par M. Dubail. Un volume in-4° avec 18 cartes et 27 figures dans le texte, en noir et en couleur. Cartonné . 2 fr. 25

LIVRE DU MAITRE (*en préparation*).

Texte-Atlas (Cours supérieur),

Par M. Dubail, un volume in-4°, avec cartes et figures dans le texte, en noir et en couleur. (*En preparation.*)

Cartes muettes pour l'enseignement de la Géographie,
Dressées par M. Laurain.

Europe (50 sur 60) . . . . La feuille . 0 fr. 20
                                 Le cent. . . 18 fr.

La France (40 sur 50) . . . . . La feuille. 0 fr. 15
                                 Le cent . . 12 fr.

Les bassins de la France Seine, Rhin, Loire, Rhône, Gironde (28 sur 29). Deux series. La carte. . . 0 fr. 10
                                 Le cent. . . 7 fr. 50

*

CLASSE DE HUITIÈME (1)

Premières notions de Zoologie,

Par M. Paul Bert, professeur a la Faculté des sciences de
Paris. 3me édition, 1 vol. in 18, avec 234 fig. dans le texte.
Cart. . . . .   2 fr. 50

Premières notions de Botanique,

Par M. Emery, doyen de la Faculté des sciences de Dijon.
2e édition. 1 vol. in-18, avec 345 figures. Cart.   2 fr 80

Leçons d'Arithmétique,

A l'usage des classes élémentaires, par M. Ducatel, pro
fesseur au lycée Condorcet. Première partie · Classes de
huitieme et de septieme. 1 vol in-18. Cartonné. 1 fr. 80

Notions de Géométrie,

Par M. Ducatel Classes de huitieme, de septième, de sixieme
et de cinquieme. 1 vol in-18 Cartonné . . . . . 1 fr. 80

CLASSE DE SEPTIEME (1)

Premières notions de Géologie. Les Pierres et les Terrains,

Par M. Stanislas Meunier, 2e edition 1 vol in-18, avec 63 fig
Cartonné . : . . . . 2 fr

Leçons d'Arithmétique,

Par M. Ducatel, professeur au lycée Condorcet. 1 vol.
in-18 Cartonné . . . . 1 fr. 80

Notions de Géométrie,

Par M. Ducatel, professeur au lycée Condorcet. 1 vol.
in-18. Cartonné . . . . 1 fr. 80

---

(1) Les planches de la collection Gervais, portant les numeros suivants, font partie du Materiel pour les Lycées et les Collèges (liste
officielle) (Voir page 9, le detail)
CLASSE DE HUITIEME   Zoologie Squelette de l'homme XVI, XVII
— Botanique : Racines VII, Tiges VIII Feuilles, X, Fleur, Inflorescence, XI, Fleurs XII, Fruits, XIII, Graines, Germination, XIV.
CLASSE DE SEPTIEME   Géologie Plante de la houille, IV.

CLASSE DE SIXIEME

Notions de Physique et de Chimie,

Par M. E. Fernet, inspecteur général de l'Instruction publique. 2e édition entierement revue, 1 vol in-18 avec 200 fig. dans le texte Cartonné. . . . . 2 fr. 50

Leçons d'Arithmétique,

Seconde partie : Classe de sixieme et de cinquieme, par M. Ducatel. 1 vol. in-18. Cartonné. . . . . 2 fr.

Notions de Géométrie,

Par M. Ducatel 1 vol. in-18 Cartonné. . . . . 1 fr. 80

Histoire de la civilisation,

Par M. Seignobos, maître de conferences a la l'aculté de Dijon.

Premier volume: Ages prehistoriques. — Histoire ancienne de l'Orient. — Histoire des Grecs. — Histoire romaine. — Le moyen âge jusqu'à Charlemagne In-18, avec figures dans le texte. Cartonné. . . . . 3 fr. 50

— —

CLASSE DE CINQUIEME (1)

Éléments de l'Histoire naturelle des animaux,

Premiere partie. 2e édition. *Zoologie méthodique et descriptive*, Par M. Alph. Milne-Edwards, Membre de l'Institut. 1 vol. in-18, avec 457 figures dans le texte Cartonne . 3 fr. 50

Éléments de Zoologie,

Par M. Paul Bert, membre de l'Institut et R. Blanchard, agrégé de la Faculté des sciences de Paris. 1 vol. in 8°, avec figures dans le texte (*sous presse*).

Leçons d'Arithmétique,

Par M. Ducatel 1 vol. in-18. Cartonné. . . . 1 fr. 80

Notions de Géométrie,

Par M. Ducatel. 1 vol. in 18. Cartonne. . . . 1 fr. 80

---

(1) Planches murales d'Hist ire naturelle (collection Gervais), faisant partie du materiel scolaire (Voir page 9 le detail.)
Classe de Cinquieme — *Zo logie* : Appareil digestif, VI, VII; Dentition de l'homme, IX; Dentition des animaux, X, Appareil respiratoire XIV, Squelette de l'homme, XVI, XVII, Systeme nerveux, XXIX, Squelette du coq, XX, Squelette de grenouille, XXI, Squelette de poissons XXI

Histoire de la civilisation,

Par M. SEIGNOBOS. (Voir *Classe de Sixième*.)

CLASSE DE QUATRIÈME (1)

Cours de Botanique,

Histoire des principales familles, par M. Henri EMERY, doyen de la Faculté des sciences de Dijon. 1 vol. in-18, avec 709 figures dans le texte. Cartonné. . . . . . . 6 fr.

Géologie,

Par M. STANISLAS MEUNIER. 2ᵐᵉ édition. 1 vol. in-18, avec fig. dans le texte et une carte géologique en couleur. Cartonné . . . . 2 fr. 25

Notions générales de Géologie,

Par M. Edm. HÉBERT, membre de l'Institut, professeur de géologie a la Sorbonne. 1 vol. in-18, avec 54 figures dans le texte. Cartonné . . . . 2 fr.

Précis d'Arithmétique,

Par M. MAUDUIT. 5ᵉ édition. 1 vol. in-18. . . . . . 1 fr. 20

Géométrie élémentaire,

Géométrie plane, par M. Ch. VACQUANT, inspecteur général de l'Instruction publique. Classes de quatrième et de troisieme. 1 vol. in-18, avec figures. Cartonné. . . 1 fr. 75

Histoire littéraire,

Voir plus loin (*classe de rhétorique*) *l'Histoire de la littérature*, par M. de CAUSSADE.

Premières Leçons d'Histoire littéraire,

(*Littérature grecque, Littérature latine, Littérature française*)

Par MM. CROISET, LALLIER et PETIT DE JULLEVILLE, professeurs à la Faculté des lettres de Paris. 1 vol. in-18. Cartonné. . . . . 2 fr. »

---

(1) Planches murales d'*Histoire naturelle* (collection GERVAIS), faisant partie du matériel scolaire (Voir page 9 le détail.)
CLASSE DE QUATRIÈME — *Botanique* Racines, VII ; Tiges, VIII ; Feuilles, X ; Fleurs, Inflorescence, XI ; Fleurs, XII ; Fruits, XIII ; Graines, Germination, XIV.
Géologie : Plantes de la houille, IV ; Reptiles jurassiques, VII ; Vertebrés du terrain tertiaire, X ; Vertébrés du terrain tertiaire, XI ; terrain quaternaire, XII

Notions générales
sur l'histoire de la langue française;
Grammaire historique de la langue française,

Par M. Ferdinand BRUNOT, maître de conférences à la Faculté des lettres de Lyon. 1 vol. in-18. (*En préparation*.)

Histoire de la Civilisation,

Par M. SEIGNOBOS. (Voir *Classe de Sixième*)

Atlas de la France et de ses colonies (1),

Par M. G QUESNÉL, professeur à l'Ecole Monge, 12 cartes
tirées en couleur avec le plus grand soin, dressées conformément aux programmes, format 47 sur 58. 1 vol. in-folio.
Cartonné. . . . .   10 fr.

CLASSE DE TROISIÈME
Cours de Physique,

A l'usage des classes de lettres, par M. E. FERNET, inspecteur général de l'Instruction publique. *Pesanteur, Fq ilibi e
des liquides, Chaleur.* 1 vol in-18, avec 167 figures. Cartonné . . . .   2 fr. 80

Géométrie élémentaire,

Géométrie plane, par M. Ch. VACQUANT. Inspecteur général de
l'instruction publique 1 vol, in-18 cart . . . . . .   1 fr. 75

Notions d'Algèbre,

A l'usage des classes élémentaires; *Algèbre numérale*, par
M. MARGERIE, professeur a l Ecole Monge. 1 vol in-18.
Cartonne . . . .   2 fr.

Précis d'Arithmétique,

Par M. MAUDUIT, ancien professeur au lycée Saint-Louis.
5e édition, revue et corrigée. 1 vol. in-18 . . . .   1 fr. 20

Leçons d'Arithmétique,

Par M. A. TISSOT, ancien professeur de mathématiques au
lycée Saint-Louis, ancien répétiteur à l'Ecole polytechnique.
Seconde édition, 1 volume in-8º.   . . . .   4 fr. »

---

(1) Voir page 8 l'énumération détaillée des cartes contenues dans
cet atlas.

Notions générales sur l'histoire de la langue française,

Par M. Ferdinand BRUNOT. (*Sous presse.*)

Premières leçons d'Histoire littéraire,

Par MM. CROISET, LANIER et PETIT DE JULEVILLE 1 vol. in-18. Cartonné. . . . . 2 fr

Histoire nationale,

Depuis l'époque Gauloise jusqu'au milieu du XV° siècle, par M. CORRÉARD, professeur au lycée Condorcet. 1 vol. in-18, cartonné. . . . . 2 fr. 50

Histoire de la Civilisation,

Moyen âge (depuis Charlemagne). — Renaissance et temps modernes. — Période contemporaine, par M. SEIGNOBOS. 1 vol. in-18. (*Sous presse.*)

Géographie de l'Europe,

Par M. MARCEL DUBOIS, maître de conférences à la Faculté des lettres de Nancy. 1 vol in 18. (*Sous presse.*)

Histoire littéraire,

Voir plus loin (*Classe de rhétorique*) les ouvrages de M. DE CAUSSADE

Précis de littérature,

Par M GIDARD, membre de l'Institut, vice recteur de l'Académie de Paris. In-18 cartonné. . . . . 1 fr. 50

Atlas de l'Europe (moins la France) (1),

Par M. G. QUESNEL, professeur a l'Ecole Monge. 18 cartes dressées conformément aux programmes, format 47 sur 58. 1 vol. in-folio. Cartonné. . . . . 12 fr.

CLASSE DE SECONDE

Géométrie élémentaire,

Géométrie dans l'espace, par M. Ch. VACQUANT. Classes de seconde et de rhétorique. 1 vol. in-18, avec figures. Cartonné . . . . 1 fr. 50

---

(1) Voir page 8 le détail des cartes.

Précis d'Algèbre,

Par M. MAUDUIT, professeur au lycée Saint-Louis. 7e édition, revue et corrigee. 1 vol. in-18 . . . . 1 fr. 40

Traité d'Algèbre élémentaire,

Par M. LAUVERNAY, professeur au lycée d'Amiens. 1 vol in-8°, avec figures dans le texte. . . . . 5 fr.

Cours de Physique,

Par M. E. FERNET. *Acoustique, Optique.* 1 vol. in-18, avec 130 figures. Cartonné. . . . . 2 fr. 25

Histoire de la Civilisation,

Moyen âge, depuis Charlemagne. — Renaissance et temps modernes. — Période contemporaine, par M. SEIGNOBOS 1 vol. in-18. (*Sous presse.*)

Atlas de Géographie générale (1).

L'Afrique, l'Asie, l'Amérique, l'Océanie, par M. G. QUESNEL, professeur à l'École Monge. 21 cartes tirées en couleur, format 47 sur 58. In-folio. Cartonné . . . . 15 fr.

Histoire littéraire.

(Voir DE CAUSSADE, *Classe de Rhétorique.*)

Notions générales sur l'histoire de la langue française,

Par M. Ferdinand BRUNOT. (*Sous presse.*)

Premières leçons d'histoire littéraire,

Par MM. CROISET, LALLIER et PETIT DE JULLEVILLE. 1 vol. in-18. Cartonné. . . . . 2 fr.

Leçons de littérature française (des origines jusqu'à Corneille).

Par M. PETIT DE JULLEVILLE, professeur suppléant à la Faculté de Paris. 1 vol. in-18, cartonné. . . . . 2 fr. »

Leçons de Littérature grecque,

Par M. CROISET. 1 vol. in-18 cart. . . . . 2 fr.

---

(1) Voir page 8 le detail des cartes

Leçons de littérature latine,

Par M. LALLIER et M. LANTOINE. 1 vol. (*Sous presse.*)

Notions théoriques sur la Rhétorique et les principaux genres littéraires,

Par M. BRISBARRE, agrégé de l'Université. In-18 cartonné . . . . 1 fr. »

CLASSE DE RHÉTORIQUE

Premières leçons d'histoire littéraire,

Par MM. CROISET, LALLIER et PETIT DE JUILLEVILLE. 1 vol. in-18. Cartonné . . . . 2 fr. »

Leçons de littérature grecque,

Par M. CROISET, professeur adjoint à la Faculté des Lettres de Paris. 1 vol. in-18. Cartonné . . . . 2 fr. »

Leçons de littérature latine,

Par M. LALLIER, ancien maître de conférences à la Sorbonne, et M. H. LANTOINE, secrétaire de la Faculté des Lettres de Paris. 1 vol. in-18. (*Sous presse.*)

Leçons de littérature française, depuis Corneille jusqu'à nos jours,

Par M. PETIT DE JUILLEVILLE, professeur suppléant à la Sorbonne. 1 vol. in-18. Cartonné . . . . 2 fr. »

Histoire littéraire,

Par M. DE CAUSSADE, conservateur à la bibliothèque Mazarine.

Littérature grecque, 3ᵉ édition. 1 volume in-18. Cart.. 3 fr.
Littérature latine, 2ᵉ édition. 1 volume in-18. Cartonné. 6 fr.
Littérature française : I Des origines jusqu'à Henri IV.
II. Depuis l'avénement de Louis XIII jusqu'a nos jours.

Rhétorique. — Étude des genres littéraires,

Par M. DE CAUSSADE. 2ᵉ édition. 1 vol. in-18. Cart. 2 fr. 50

Notions théoriques sur la rhétorique et les principaux genres littéraires,

Par M. BRISBARRE. 1 vol. in-18. Cartonné . . . . 1 fr.

Précis d'Histoire,

Par M. E. LEVASSEUR, membre de l'Institut. — Sommaires de l'Histoire de France antérieure à 1610. Histoire de l'Europe de 1610 à 1787. 1 volume in-8° avec 41 cartes dans le texte. Cartonné . . . . 2 fr. 50

(Voir page 22, *Précis de Géographie*, par le même.)

Histoire de la Civilisation,

Moyen âge (depuis Charlemagne). — Renaissance et temps modernes. — Période contemporaine, par M. SEIGNOBOS. 1 vol. in-18. (*Sous presse.*)

Cours de Physique,

Par M. E. FERNET, *Magnétisme, électricité.* 1 vol. in-18, avec 149 figures. Cartonné . . . . 2 fr. 25

Géométrie élémentaire,

Géométrie dans l'espace, par M. CH. VACQUANT. (Classe de seconde et de Rhétorique.) 1 vol. . . . . 1 fr. 50

Précis de Cosmographie,

Par M. TISSOT, ancien professeur de mathématiques au lycée Saint-Louis, examinateur à l'École polytechnique. 4ᵉ édition. 1 volume in-18 avec fig. dans le texte. Cart. . . . 3 fr.

Atlas de la France et de ses Colonies (1),

Par M. G. QUESNEL, 12 cartes en couleur. 1 vol. in-folio. Cartonné . . . . 10 fr.

CLASSE DE PHILOSOPHIE

Cours de Philosophie,

Logique, par M. LIARD, Recteur de l'Académie de Caen. 1 vol. in-18 cartonné . . . . 2 fr.

La *Psychologie,* la *Morale* et la *Philosophie générale* sont en préparation.

---

(1) Voir page 8 le détail des cartes

Précis de Philosophie,

Par M. Brisbarre, agrégé de l'Université, suivi de l'analyse des ouvrages philosophiques. 2ᵉ édition, entièrement revue. 1 vol. in-18. Cartonné. . . . . **4 fr.**

Histoire de la Civilisation,

Moyen âge (depuis Charlemagne). — Renaissance et temps modernes — Période contemporaine, par M. Seignobos. 1 vol. in-18. (*Sous presse.*)

Précis d'Histoire,

Par M. E. Levasseur, membre de l'Institut. Histoire contemporaine de 1789 a 1848. Tableau chronologique des principaux évenements accomplis depuis 1348. 1 vol. in-18 avec 49 cartes dans le texte. Cartonné. . . . . **2 fr. 50**

Précis de Chimie,

Par M. Troost, professeur à la Faculté des sciences. 17ᵉ édition. 1 vol. in-18 avec 222 figures. Cart. **3 fr. 25**

Cours de Physique,

Par M. E. Fernet. *Revision et compléments.* 1 vol. in-18 avec figures. Cartonné . . . . **2 fr.**

Éléments de l'histoire naturelle des animaux.

Deuxième partie : *Anatomie et Physiologie animales,*
Par M. A. Milne-Edwards, membre de l'Institut. 1 vol. in-18 avec 311 figures dans le texte. Cartonné. . . . **3 fr. 50**

Précis de Mécanique,

Par M. Burat. 5ᵉ édition. 1 vol. Cartonne **3 25**

Cours de Botanique,

Par M. Emery, doyen de la Faculté des sciences de Dijon. — Anatomie et physiologie végétales. 1 vol in-18. (*En preparation*)

Tableaux d'Histoire naturelle,

Dressés conformément aux programmes de la classe de Philosophie et designés par la commission. — Botanique, par MM. G. Bonnier, maître de Conférences a l'École normale et Mangin, professeur au lycee Louis le-Grand. (Voir le détail, page 10)

MATHEMATIQUES PREPARATOIRES

Cours d'études pour le baccalauréat ès sciences

Précis d'Algèbre,

Par M. Mauduit, professeur au lycée Saint-Louis. 7e éditi
revue et corrigée. 1 volume in-18.   . . . . 1 fr. n
Cartonné. . . . . 1 fr. 60

Précis d'Arithmétique,

Par M. Mauduit, professeur au lycée Saint-Louis. 5e édition, revue et corrigée. 1 volume in-18 . . . . . . 1 fr. 20
Cartonné. . . . . 1 fr. 40

Précis de Chimie,

Par M. Troost, 17e édition, conforme aux programmes, et
suivi de quelques notions de chimie organique 1 vol.
in-18 avec 22 fig. dans le texte. . . . . 3 fr. »
Cartonné . . . . 3 fr. 25

Précis de Physique,

Par M. E Fernet, inspecteur général de l'Instruction publique. 1 vol. in-18, avec 284 figures dans le texte. 12e édition. . . . . 3 fr. »
Cartonné. . . . . 3 fr. 25

Précis de Cosmographie,

Par M. A. Tissot, examinateur à l'École polytechnique, 4e édition, conforme aux nouveaux programmes. 1 vol in-18,
avec figures dans le texte, cartonné . . . . 3 fr. »

Précis de Géométrie,

Par M. Ch. Vacquant, inspecteur général de l'Université
1 vol. in-18, avec 448 figures dans le texte. 4e édition, conforme aux nouveaux programmes. . . . . 3 fr. »
Cartonné. . . . . 3 fr. 25

Précis de Géométrie descriptive,

Par M. A. Tissot. 3e édition, conforme aux nouveaux programmes 1 v. in-18, avec figures dans le texte . 1 fr »
Cartonné . . . . 1 fr. 20

Précis d'Histoire naturelle,

Zoologie, Botanique, Géologie, par M. Alphonse MILNE-EDWARDS, professeur a l'École de pharmacie. 1 vol. in-18, avec 391 figures. 13ᵉ édition . . . . 3 fr. »
Cartonné. . . . . 3 fr. 25

Notions sur le lever des plans,

Par M. A. TISSOT, examinateur a l'École polytechnique. In-18, avec figures dans le texte. Cartonne. . . » fr. 75

Précis de Mécanique,

Par M. BURAT, professeur au lycée Saint-Louis. 5ᵉ édition, entièrement revue 1 volume in-18, avec 223 figures dans le texte . . . . 3 fr. »
Cartonne. . . . . 3 fr. 25

Précis de Trigonométrie,

Par M Ch. VACQUANT. 5ᵉ édit , conforme aux nouveaux programmes. 1 v. in-18, avec 51 figures dans le texte . 1 fr. 20
Cartonné. .   . . 1 fr. 40

Précis d'Histoire,

Par M. E. LEVASSEUR, membre de l'Institut. 1 volume in-18, avec cartes dans le texte. Prix, broché . . . . . 4 fr.

On vend séparément :

Cours de rhétorique : Sommaires de l'Histoire de France antérieure à 1610. — Histoire de l'Europe de 1610 à 1787. 1 vol in-18, avec 41 cartes dans le texte. Cart. . 2 fr. 50

Cours de philosophie : Histoire contemporaine de 1789 à 1848 — Tableau chronologique des principaux événements accomplis depuis 1848 1 vol. in-18, avec 49 cartes dans le texte. Cartonné. . . . . 2 fr. 50

Précis de Géographie,

Par M. LEVASSEUR, membre de l'Institut. 3ᵉ édition, entièrement revue. Géographie générale, la Terre. — L'Europe moins la France. — La France et ses colonies. 1 vol in-18. Cartonné. . . . . 2 fr. 50

Précis de Littérature,

Par M. GRÉARD, membre de l'Institut, vice-recteur de l'Académie de Paris. 5ᵉ édition, entièrement revue. 1 vol. in-18 . . . . 1 fr. 25
Cartonné. . . . . 1 fr. 50

Précis de Philosophie

Par M. BRISBARRE, agrégé de l'Université, rédigé d'après le
programme officiel de l'enseignement secondaire classique,
suivi de l'analyse des ouvrages philosophiques indiqués par
le même programme. 2e édition, entièrement revue et augmentée. 1 vol. in-18 . . .   . 3 fr. 75
Cartonné. . . . . 4 fr. »

Logique,

Par M. LIARD, directeur de l'Enseignement supérieur. 1 vol.
Cartonné. . . . . 2 fr. »

Morale,

Par le même. (*En préparation*).

Notions théoriques sur la rhétorique et les principaux genres littéraires,

Par M. BRISBARRE, agrégé de l'Université. In-18. . » fr. 80
Cartonné. 1 fr. »

Les *Précis* sont, en outre, vendus réunis en volumes aux
prix suivants :

Tome Ier. — Littérature, Philosophie, Histoire de France,
Géographie. . . . . 10 fr. »

Tome II. — Arithmétique, Algèbre, Géométrie,
Trigonométrie. . . . . 6 fr. »

Tome III. — Geométrie descriptive, Lever des
plans, Mécanique, Cosmographie. . . . . 6 fr. »

Tome IV. — Physique, Chimie, Histoire naturelle . . . . 8 fr. »

Atlas de la France et de ses colonies,

Par M. QUESNEL. 12 cartes tirées en couleur, in-folio.
Cartonné . . . . 10 fr »

Atlas de la Terre (moins l'Europe),

Par M. QUESNEL 23 cartes tirées en couleur, in-folio.
Cartonné . . . . 15 fr. ▸

CLASSE DE
MATHÉMATIQUES ELÉMENTAIRES

Cours de Géométrie élémentaire,

A l'usage des élèves de mathematiques élémentaires, avec
des compléments à l usage des éleves de mathematiques
spéciales, par M Ch. Vacquant, Inspecteur géneral de
l Instruction publique.
1 fort volume in-8°, avec 766 figures dans le texte. . 8 fr.

Traité de Géométrie descriptive,

A *l'usage des classes de mathematiques élémentaires et
des candidats aux Ecoles du gouvernement*, par MM. Mar-
girri, ancien éleve de l'Ecole polytechnique, professeur
à l'Ecole Monge, et Racine, ancien eleve de l'Ecole polytechnique. 1 volume grand in 8°, avec figures dans le texte,
accompagné d'un atlas de 56 planches . . . . 16 fr.

Traité d'Algèbre élémentaire,

Par M. Lauvernay, professeur au lycée d'Amiens. 1 vol.
in-8°, avec figures dans le texte. . . . . 5 fr.

Traité élémentaire de Chimie,

Par M. L. Troost, professeur à la Faculté des sciences de
Paris. 8° édition, entierement refondu et corrigé, avec
de nombreuses données de thermochimie. 1 vol. in-8°
avec 440 figures . . . . 8 fr.

Traité de Physique élémentaire,

De Ch. Drion et E. Fernet, entierement revu et modifie par
E. Fernet, ancien professeur de physique au lycee Saint-
Louis, inspecteur géneral de l Instruction publique. 10° édition
1 vol. petit in 8°, avec 709 figures. . . . . 8 fr.

Cours élémentaire de Mécanique,

Par M. Delaunay, de l Institut 9° édition. 1 vol. in 18, avec
551 figures dans le texte. . . . . 8 fi »

Leçons élémentaires de Chimie moderne,

Par M Wurtz, membre de l'Institut, professeur a la Fa
culte des sciences de Paris.
Cinquieme édition, entierement revue et augmentée 1 vol.
in-18 avec figures dans le texte . . .   . 9 fr. »

Éléments de Géologie

Comprenant un Lexique ou se trouvent indiqués les caractères zoologiques des fossiles, par M. A LESMERIT, professeur a la Faculté des Sciences de Toulouse, correspondant de l'Institut.
3e édition, entièrement refondue et illustrée de 400 figures
1 volume in-18 de XII 616 pages. . . . . 7 fr.   »

Cours élémentaire de Zoologie,

Par M. MILNE-EDWARDS, de l'Institut. 13e édition 1 vol. in-18 avec 497 figures. . . . . 6 fr.   »

Cours élémentaire de Botanique

Par M. A. DE JUSSIEU. 1 vol. in-18 avec 812 figures 12e édition. 6 fr   »

Cours élémentaire de Minéralogie
et de Géologie,

Par M. BEUDANT. 10e édit 1 vol. in-18 avec 800 fig. 6 fr. »

Cours élémentaire d'Astronomie,

Par M. DELAUNAY, de l'Institut. 6e édition, revue et complétée par M. Levy, physicien a l'Observatoire de Montsouris. 1 vol. in-18 avec 381 fig et 3 planches. 7 fr. 50.

Atlas de la France et de ses colonies,

Par M. QUESNEL. 12 cartes tirées en couleur, in folio.   10 fr. »

Questions de Physique

Donnes a la Sorbonne Baccalauréat es-sciences Baccalauréat es-lettres. 1 vol. in-18 . . . . 1 fr.

PRÉPARATION AUX ÉCOLES DU GOUVERNEMENT

Cours de Géométrie élémentaire,

A l'usage de élèves de mathématiques élémentaires, avec des compléments à l'usage des élèves de mathématiques spéciales, par M. Ch. Vacquant, Inspecteur général de l'Instruction publique.

Première partie : *Géométrie plane.*

Seconde partie : *Géométrie dans l'espace,* et complément de l'ouvrage.

Les deux parties en un seul volume. . . . . 8 fr.

Traité de Géométrie analytique,

A *l'usage des candidats aux écoles du gouvernement et aux grades universitaires,* par M. H. Picquet, capitaine du Genie, répétiteur d analyse à l'Ecole polytechnique, secrétaire de la Société mathématique de France.

Première partie : *Géométrie analytique à deux dimensions.* 1 vol. grand in-8°, avec 130 figures dans le texte.. 15 fr.

Traité de Géométrie descriptive,

A *l'usage des classes de mathématiques élémentaires et des candidats aux Ecoles du gouvernement,* par MM. Marclrif, ancien élèves de l'Ecole polytechnique, professeur a l'Ecole Monge, et Racine, ancien eleve de l'Ecole polytechnique. 1 volume grand in 8° avec figures dans le texte, accompagné d'un atlas de 56 planches. . . . . 16 fr.

Cours de Minéralogie,

Par M. Leymerie, professeur à la Faculté de Toulouse. 3e édition, 2 vol. in-8°. avec 352 figures . . . . . 12 fr.

Traité Élémentaire de Minéralogie,

Par M. T. Pisani précédé d'une preface par M. Des Cloi zeaux, membre de l'Institut. 1 vol. in 8°, avec 192 fig. dans le texte . . . . 8 fr.

Éléments de Minéralogie et de Lithologie,

Ouvrage complémentaire des Éléments de géologie, par
M. A. LEYMERIF, professeur à la Faculté des Sciences de
Toulouse, correspondant de l'Institut.
3ᵉ édition, corrigée et augmentée, illustrée de plus de 100 vi-
gnettes. 1 vol. in-18 . . . . 3 fr. »

Cours de Physique,

Par M. E. FERNET, inspecteur général de l'Université.
2ᵉ édition entièrement revue et augmentée. 1 vol. grand
in-8°, avec 361 figures dans le texte . . . . 12 fr.

Cours de Physique,

Par M. J. VIOLLE, professeur à la Faculté des sciences de
Lyon. Tome premier : Physique moléculaire. Un vol
in-8°, publié en deux parties, avec 566 figures dans le
texte. . . . . 28 fr. »
Le Cours de Physique formera 4 volumes : Physique moléculaire — Acoustique — Optique — Chaleur — Électricité
et Magnétisme.

Abrégé de Chimie,

Par MM. PELOUZE et FRÉMY, membres de l'Institut. Sixieme
édit. 3 vol. in-18, avec 214 figures . . . . . . 9 fr. »

On peut avoir séparément :

1ʳᵉ partie : *Généralités, métalloïdes.* 1 vol , avec
  96 figures. 3 fr. »
2ᵉ partie : *Métaux et métallurgie.* 1 v., avec 46 fig. 3 fr. »
3ᵉ partie : *Chimie organique.* 1 vol. avec 32 fig. 4 fr. »

Cours élémentaire de Chimie,

A l'usage des facultés, des établissements d'enseignement
secondaire, des écoles normales et des écoles industrielles,
Par M. REGNAULT, de l'Institut. 6ᵉ édition. 4 vol. in-18, avec
689 figures. 20 fr. »

Nouvel Atlas classique,

Dressé conformément aux nouveaux programmes, par M. G.
QUESNEL, professeur à l'école Monge. 53 cartes tirées en
couleur, reliées en 1 vol. in-folio . . . . 32 fr. »

NOUVEL
ATLAS CLASSIQUE

Dressé conformément aux nouveaux programmes

PAR

M. G. QUESNEL

Professeur de Géographie

DÉTAIL DES CARTES

France hypsométrique. — France physique. — Bassin de la Gironde. — Bassin de la Loire. — Bassin de la Seine. — Bassin du Rhin français. — Bassin du Rhône. — France historique. — France administrative. — Voies de communication. — Algérie. — Colonies. — Europe physique. — Europe politique. — Europe hypsométrique. — Bassin du Rhin. — Bassin de l'Elbe et de l'Oder. — Bassin de la Baltique. — Bassin du Danube. — Bassin du Pô. — Suisse. — Belgique et Pays-Bas. — Allemagne. — Autriche et Hongrie. — Péninsule hellénique. — Italie. — Espagne et Portugal. — Iles Britanniques. — États scandinaves. — Russie d'Europe. — Planisphère. — Afrique. — Algérie, Maroc, Tunis. — Afrique australe. — Vallée du Nil. — Asie. — Turquie d'Asie et Arabie. — Perse, Afghanistan, Turkestan. — Hindoustan. — Cochinchine. — Chine et Japon. — Sibérie. — Océanie. — Malaisie et Australie. — Amérique du Nord. — Terres arctiques et Nouvelle-Bretagne. — Etats-Unis. — Etats-Unis et Antilles. — Amérique centrale. — Amérique du Sud.

53 cartes (en 51 feuilles) tirées en couleur, mesurant 47 sur 58 centimètres, reliées en un volume in-folio . . . 32 fr.

ON VEND SÉPARÉMENT:

La France et ses colonies (12 cartes), cartonné. . 10 fr.

L'Europe moins la France (18 cartes), cartonné . . 12 fr.

L'Afrique, l'Asie, l'Amérique, l'Océanie (23 cartes), cartonné. . . . . 15 fr.

On vend en outre séparément chaque carte 80 c.

NOUVELLES PLANCHES MURALES [1]
D'HISTOIRE NATURELLE
Par P. GERVAIS & Henri GERVAIS.

62 planches tirées en couleur sur fond noir et mesurant 70 sur 90 cent.
Prix : 180 francs

Montées sur toile, avec gorge et rouleau . . . . . 360 fr. »
Chaque planche séparement . . . . : 3 50
 — — montée sur toile . . . . : 6 50

Zoologie. — 34 planches.

I-IV Classification. — V. Les tissus. — VI-VII. Appareil digestif de l'homme. — VIII Vaisseaux lymphatiques. — IX. Os de la tête et dentition de l'homme. — X Dentition des mammifères — XI. Appareil digestif chez les animaux. — XII. Cœur et circulation centrale de l'homme. — XIII. Théorie de la circulation chez les animaux. — XIV Appareil de la respiration chez l'homme. — XV. Appareil de la respiration chez les animaux. — XVI-XVII. Squelette de l'homme. — XVIII. Myologie de l'homme. — XIX. Squelette du bœuf, du cheval. — XX. Squelette des vertébrés ovipares allantoïdiens. — XXI. Squelette des vertébrés anallantoïdiens —XXII. Peau et toucher. — XXIII. La langue. — XXIV. L'odorat. — XXV-XXVI. Appareil de la vision chez l'homme et chez les animaux. — XXVII. L'oreille de l'homme. —XXVIII Le larynx —XXIX Système nerveux de l'homme.—XXX. Système sympathique. — XXXI. Système nerveux des animaux. — XXXII Développement —XXXIII. Métamorphose des insectes. — XXXIV. Les insectes nuisibles.

Botanique. — 14 planches.

I-II. Classification du règne végétal. — III. Classification de Linné. — IV-V. Organes élementaires. — VI. Organes des végétaux. — VII VIII. Organes de la nutrition (racines et tiges). — IX. Greffes et instruments de greffage, appareils destinés à démontrer les phenomènes de l'absorption, de la circulation de la seve et de la respiration chez les végétaux. — X. Organes de nutrition (feuilles). — XI à XIV. Organes de reproduction.

Geologie. — 14 planches.

I-II. Carte géologique de France, coupes géologiques — III. Terrain silurien, terrain devonien. — IV. Terrain houiller. — V Terrain permien, terrain triasique — VI Terrain jurassique (végétaux et animaux invertébrés caractéristiques.)— VII Terrain jurassique (animaux vertébres). — VIII Terrain cretacé (fossiles caractéristiques) — IX. Terrain tertiaire (végétaux et animaux invertébres). — X. Terrain tertiaire (vertébres des époques éocène et miocène). — XI Terrain tertiaire (vertébrés de l'époque pliocène). — VII. Terrain quaternaire (fossiles caractéristiques). — XIII. Puits artesiens, grottes. —XIV. Volcans et glaciers.

TEXTE EXPLICATIF

Texte explicatif pour les 3 parties. 1 volume in-18 cart. avec 62 planches dans le texte . . . . . . 3 fr. »
 La **Zoologie** seule. . . . . 1 fr. 50
 La **Botanique** seule. . . . . 1 fr. »
 La **Géologie** seule. . . . . 1 fr. »

Chaque acquereur d'une collection reçoit gratuitement un exemplaire du texte explicatif.

---

[1] Voir pages 12, 13 et 14 les tableaux des gués par la commission

TABLEAUX D'HISTOIRE NATURELLE
Nouvelle série.

BOTANIQUE
PAR MM.

G. BONNIER	MANGIN
Maître de Conférences à l'Lcole normale.	Professeur au lycée Louis-le-Grand.

ZOOLOGIE
PAR MM.

Edmond PERRIER	Henri GERVAIS
Professeur au Muséum d'Histoire naturelle.	Aide-naturaliste au Muscum d'Histoire naturelle.

Cette collection, publiée conjointement avec MM. Hachette et Cⁱᵉ, comprendra 60 tableaux mesurant chacun 90 sur 120 centimètres, tirés en couleur sur papier blanc, et retouchés au pinceau.

Prix de chaque tableau monté sur toile avec gorge et rouleau .... **10 fr.**

TABLEAUX PUBLIÉS

Botanique.	**Zoologie.**
Nº 1 Constitution de la cellule.	Nº 1. Annélide adulte et ses métamorphoses
Nº 3 Formation de l'œuf et son développement chez les angiospermes.	Nº 5. Organisation des scorpions
Nº 4 Structure du bois.	Nº 6 Anatomie et développement des Mollusques.
Nº 5. Structure du liber	Nº 7 Anatomie et développement de l'amphyoxis
Nº 6 Structure primaire de la racine.	Nº 8 Penœus et ses métamorphoses
Nº 7 Structure de l'extrémité de la racine.	Nº 9. Ascidie et son Tétard, organisation et développement des Tuniciers.
Nº 9 Structure du sommet de la tige.	Nº 12 Anatomie et développement des Éponges calcaires
Nº 12 Tige et lenticelles.	Nº 13. Formes successives des cestoïdes
Nº 11. Anthère et pollen.	Nº 14. Anatomie d'une Étoile de mer.
Nº 15 Structure et développement de l'ovule.	Nº 15 Développement des Méduses
Nº 16 Inuline, Cristaux.	Nº 16 Siphonophore
Nº 17. Formation de l'œuf et son développement chez les Gymnospermes	Nº 17 Structure et développement d'un coralliaire madréraire.
Nº 18. Formation des spores chez les champignons.	Nº 18. Segmentation des annélides; hétéroncréide.
Nº 19 Formation des spores chez les algues.	
Nº 20. Formation de l'œuf chez le champignons.	
Nº 21 Formation de l'œuf chez les algues.	
Nº 30 Myxomycètes.	

www.ingramcontent.com/pod-product-compliance
Ingram Content Group UK Ltd.
Pitfield, Milton Keynes, MK11 3LW, UK
UKHW020932140726
13695UKWH00003B/1042